SAMMLUNG GÖSCHEN BAND 52

GESCHICHTE DER RÖMISCHEN LITERATUR

von

DR. LUDWIG BIELER

Prof. am University College Dublin/Irland

I

DIE LITERATUR DER REPUBLIK

2., verbesserte Auflage

WALTER DE GRUYTER & CO.

vormals G. J. Göschen'sche Verlagshandlung · J. Guttentag,
Verlagsbuchhandlung Georg Reimer · Karl J. Trübner · Veit & Comp.

BERLIN 1965

Die Darstellung umfaßt folgende Bände:

I. Die Literatur der Republik (Band 52)

II. Die Literatur der Kaiserzeit (Band 866)

Inhalt

Vorbemerkung

Bei der Anführung von Belegstellen sind Namen und Werktitel lateinischer Autoren gekürzt wie im *Thesaurus Linguae Latinae*. CIL = Corpus Inscriptionum Latinarum; RE = Pauly-Wissowas Realencyklopädie der klassischen Altertumswissenschaft; RAC = Reallexikon für Antike und Christentum; cos. = Konsul.

Jahreszahlen ohne Zusatz, die nicht durch den Zusammenhang als „vor Christus" oder „nach Christus" bestimmt werden, sind in Band 1 als „vor Christus", in Band 2 als „nach Christus" zu lesen.

Einführung

1. Zur Abgrenzung und Bestimmung des Gegenstandes

Die Begriffe „Römische Literatur" und „Lateinische Literatur" überschneiden sich. Latein hat man noch lange gesprochen und geschrieben, als das Römische Reich des Westens zerfallen war. In den Staaten, die sich auf seinem Boden bildeten, blieb Latein die Literatursprache; seit der Karolingerzeit (in Irland schon früher) war es die universale, verbindende Sprache neben den Sprachen der Nationalliteraturen. Sprache der römisch-katholischen Kirche ist es bis auf den heutigen Tag. Mit der Geschichte der römischen Literatur hat das nur wenig zu tun: als Fortleben literarischer Formen und Motive, Techniken und Stilelemente, vor allem aber als Tradition jener Literatur selbst.

Nicht alle Römer haben Latein geschrieben. Die ältesten Annalisten schreiben Griechisch, und unter den Antoninen kommt das vereinzelt wieder vor; selbst Cicero hat sich gelegentlich im Griechischen versucht, und Claudian, der freilich aus Alexandria kam, hat eine Gigantomachie in Griechisch gedichtet. In älterer Zeit haben sich Italiker wie

Plautus und Ennius oder ein Afrikaner wie Terenz in der römischen Literatur einen Namen gemacht, später der eine oder der andere Grieche oder Orientale, dem Latein nicht Muttersprache war; aber seit der klassischen Periode der römischen Literatur waren die Länder, die an ihr aktiv mitwirkten, durchaus romanisiert: Italien seit dem Bundesgenossenkrieg (91—88 v. Chr.), Spanien seit dem Beginn unserer Zeitrechnung, Afrika seit dem zweiten, Gallien seit dem Ende des dritten Jahrhunderts. Das literarische Schaffen der Männer, die aus jenen Ländern stammen, macht den wesentlichen Bestand der römischen Literatur aus; gebürtige Stadtrömer sind in ihr außer den Rednern nur wenig vertreten, es sind die Italiker und später die Provinzialen, die verkünden, was römisch ist. Das gilt von Ennius im zweiten vorchristlichen wie von Rutilius Namatianus im fünften nachchristlichen Jahrhundert.

Der Gegenstand fordert auch eine inhaltliche Begrenzung. Alles auszuschließen, was nicht „schöne Literatur" ist, geht kaum für die Moderne an, für die Antike noch weniger. Das rein technische Schrifttum freilich kann hier nur einen bescheidenen Raum haben, soweit es nämlich zum Verständnis der Literaturwerke und ihrer kulturellen Umwelt beiträgt. Drei Wissensgebiete zählen jedoch im Altertum wesentlich zur Bildung und daher auch zur „Literatur": Geschichte, Philosophie und Rhetorik. In einer Welt, die das Essay und die frei erfundene literarische Erzählung (Roman, Novelle) erst spät und nur in ihren Anfängen kannte, waren Geschichtschreibung, philosophischer Dialog und rhetorische Theorie (die z. T. den Platz unserer Literaturkritik einnahm) neben der kunstvollen Rede die Hauptformen literarischer Prosa.

Ein Grenzfall ist die lateinische Literatur der alten Kirche. Sie kann hier weder erschöpfend und um ihrer selbst willen behandelt werden noch darf sie ganz fehlen. Die römische Literatur war am Ausgang des Altertums christlich geworden; als lateinische christliche Literatur hat sie das alte Erbe, Gehalt wie Form, an das Mittelalter weitergegeben. Unter dem Gesichtspunkt der Übernahme und Umbildung geistigen Erbes und literarischer Traditionen — wobei es manche fruchtbare Neuschöpfung gab — gehört auch das christlich-lateinische Schrifttum in die Geschichte der römischen Literatur.

Unser Gegenstand ist also die Literatur der Römer im engeren Sinne; das lateinische Schrifttum der späteren Antike wird nur soweit einbezogen als sich darin charakteristisch Römisches in bewußter Formung ausspricht.

2. Die Eigenart der römischen Literatur

Unter den Völkern des alten Italien haben allein die Römer eine Literatur geschaffen. Geformte und gebundene Rede gab es natürlich überall, und gelegentlich hat man sie auch aufgezeichnet. Aber daraus ist anderswo keine Literatur geworden. Gedichtet und geschrieben haben die Italiker in der Sprache Roms — der Stadt, die Herrin Italiens war, noch ehe sie eine eigene Literatur hatte.

Aber darum ist die römische Literatur doch nicht eine italische Literatur. Eine solche hätte ganz anders ausgesehen. Nach allem, was wir von dem antiken Italiker wissen, war er in seinem Temperament nicht sehr verschieden vom heutigen Italiener. Auch der Römer wird sich von seinen Nachbarn nicht allzusehr unterschieden haben, um so weniger als die Bevölkerung Roms aus den verschiedensten Völkerschaften Italiens zusammengewachsen war.

Dennoch ist die Literatur dieses Volkes von Anfang bis Ende unverkennbar römisch, hat einen nur ihr eigenen Geist und Charakter. Daran ändert die Tatsache nichts, daß gerade von den älteren lateinischen Autoren viele nicht in ihrer Muttersprache schreiben. Freilich gibt es da Grade der Aneignung und Angleichung. Das Latein des Plautus ließe sich etwa dem Französisch eines Bretonen vergleichen, das Latein des Terenz dem Französisch eines gebildeten Russen im 18. Jahrhundert — er schreibt nicht die Sprache eines Volkes, sondern einer Gesellschaft.

Merkwürdig bleibt, daß die Römer ihrer Sprache nicht den eigenen Namen gaben; der *populus Romanus*, und später das Römische Reich, hat Latein gesprochen. Aber die antike Literatur in lateinischer Sprache ist römisch.

Die römische Literatur hat unter den Weltliteraturen eine eigenartige Stellung. Wer sie nur literarisch-ästhetisch beurteilt, wird sie nicht zu den größten zählen. Sie hat keinen Namen vom Rang des Homer oder Sophokles, Thukydides oder Plato, Shakespeare, Cervantes, Goethe, Dostojewski, kein Werk von der Erhabenheit des Buches Genesis oder von der Unmittelbarkeit des Kalewala. Dagegen ist die römische Literatur selbst in ihren geringeren Vertretern universal wie keine andere; auch hat keine andere so weit und nachhaltig gewirkt. Ohne die römische Literatur gäbe es keine romanischen Literaturen, keine englische Prosa; selbst in der deutschen Literatur stehen die Größten trotz aller Griechenliebe tief in der Schuld der Lateinschule. Die Wirkung des Griechentums vollzog sich in sporadischen Begegnungen, die Wirkung des Römertums zieht durch die Jahrhunderte als ein gewaltiger Strom. Das Erlebnis der Griechen wirkte als mächtiges (manchmal, wie im Falle Byrons oder Hölderlins, übermächtiges) Stimulans; das römische Erbe war einer Generation nach der anderen tägliches Brot. Wie ist das möglich?

Die römische Literatur ist umfassend, sie nimmt in wachsendem Maße alle Begabung der Mittelmeerwelt in sich auf: Griechen, Etrusker, Gallier, Afrikaner. Vor allem aber absorbiert sie die eine große Literatur, die sie vorfand — die griechische. Dem europäischen Mittelalter ist griechische Mythologie, griechisches Denken, griechische Wissenschaft fast ausschließlich auf dem Umweg über die Römer vermittelt worden. — Die römische Literatur ist einheitlicher als die griechische. Im Griechischen unterscheiden sich die Literaturformen weitgehend durch die Sprache: Epos, Lyrik, Drama, Wissenschaft bewahren im wesentlichen den Dialekt, in dem sich jede Gattung zuerst entwickelt hat; die römische Literatur hat e i n e Sprache für alle Gattungen, differenziert sie aber von Anfang an stilistisch. — Die römische Literatur ist ferner ökumenisch. Seit ihrer ersten Blütezeit ist sie die Literatur eines Weltreiches — eines Weltreiches im Entstehen, auf der Höhe der Macht, in fortschreitendem Zerfall. Aber bevor sie an ihr Ende kommt, wird die „römische" Literatur zur „lateinischen", zur Literatur eines geistigen Reiches, das die Zersetzung des Imperiums überdauert.

Historisch betrachtet, liegt die Bedeutung der römischen Literatur vor allem darin, daß sie exemplarisch wurde. Sie ist das erste Beispiel einer abgeleiteten, klassizistischen Literatur. Nach einem Wort des griechischen Philosophen Poseidonios haben die Römer ihren Mangel an Schöpferkraft durch die Kunst der Nachahmung wettgemacht. Sie nehmen ihre ästhetischen Maßstäbe von einer fremden Literatur, deren Größe sie erreichen, womöglich übertreffen wollen; doch die Aneignung des Fremden wird zum Ausdruck der eigenen Art. Dieser Vorgang hat sich in vielen Nationalliteraturen Europas wiederholt.

Man hat die „Originalität" der römischen Literatur oft bezweifelt. Zutreffender wäre es vielleicht, nach ihrer Spontaneität zu fragen, denn Originalität ist erst im späten achtzehnten Jahrhundert ein Kriterium künstlerischen Wertes geworden. Bei den Griechen vollzieht sich fast vor unseren Augen die Geburt einer eigenständigen Literatur in allen uns vertrauten Formen aus ihren kultisch oder sozial bedingten Anlässen. Das ist ein einzigartiges Phänomen, wenigstens innerhalb der Alten Welt. Wir sehen, wie in der griechischen Literatur eine Gattung nach der anderen zu ihrer geschichtlich begrenzten Vollkommenheit heranreift und dann abstirbt. Anders die Römer: Sie übernehmen die griechischen Formen — fast alle zur gleichen Zeit — als „kanonisch", aber sie geben ihnen einen neuen Inhalt. Das hat sich in der europäischen Literatur immer wieder ereignet. Die attische Tragödie war mit Euripides erschöpft; das europäische Drama, von Ennius und Pacuvius über die Mysterienspiele und Moralitäten des Mittelalters bis zu Ibsen und Sartre, wird jedesmal aus einem neuen Geist wiedergeboren. Das griechische Heldenepos beginnt und endet für uns mit Homer (was nach ihm kommt, ist Niedergang oder künstliche Wiederbelebung); das römische Epos, dessen erster Meister sich als Reinkarnation des Homer einführt, hat fast ebenso viele „Wiedergeburten" wie Dichter: Ennius, Vergil, Lucanus, Iuvencus und so durch das Mittelalter bis zu Dante, dann weiter zu den Epen der frühen Neuzeit bei Italienern, Portugiesen, Engländern und als letztem Ausläufer zum Prosa-Epos der Moderne, dem groß angelegten Roman.

Man muß unterscheiden zwischen den Formkonventionen einer Gattung und dem, was sich in ihr ausspricht. Die Römer übernahmen die griechischen Formen, weil die Griechen auf der Höhe ihrer Kultur sie so vollkommen entwickelt hatten, daß es hoffnungslos erscheinen mußte, besseres an ihre Stelle zu setzen. Aber die Römer haben zu diesen Formen ein anderes Verhältnis als die Griechen. Der griechische Dichter bewegt sich mit individueller Freiheit in den Konventionen der Gattung, die er zu pflegen gewählt hat; seine Persönlichkeit hebt sich dadurch nur um so stärker ab, etwa Sophokles von Euripides. Der römische Dichter assimiliert die Form — jede Form — der eigenen, das heißt, der römischen, Art; er versucht sich meistens in mehr als einer Gattung und erlaubt sich gern einen gewissen Ausgleich, eine Mischung, der Konventionen und Stile; er handhabt die Formen elastischer, „offener". Er schafft keine neuen Grundformen, aber übernommene Formen gehen bei ihm neue Verbindungen ein; in diesem Sinn ist auch die römische Literatur formschöpferisch. *Satura tota nostra est*, sagt Quintilian (10, 1, 93), und das dürfte im wesentlichen auch auf die Elegie zutreffen. Die Griechen haben keinen Dichter von der Art des Plautus, Catullus, Horaz, keinen Prudentius und — außer der späten Johannes-Paraphrase des Nonnos — kein christliches Epos. Die nach-alexandrinische Zeit hat keinen griechischen Dichter von Rang aufzuweisen; Claudian, der es hätte werden können, ging nach dem Westen und dichtete lateinisch.

Viele Völker des Altertums sind mit der griechischen Kultur in Berührung gekommen: Phryger, Armenier, Thraker, Ägypter, Etrusker, Osker, Kelten; die meisten waren auf etwa der gleichen, manche auf einer höheren Stufe der Zivilisation als die Römer zur Zeit der entscheidenden Begegnung, sie kannten den Gebrauch der Schrift und hatten die Rudimente einer Literatur. Einzig die Römer fühlten den Drang, der griechischen Kultur eine an ihrem Beispiel geformte nationale Kultur entgegenzustellen. Der praktische, nüchterne Römer, ohne geistige Interessen, ohne Sinn für das Schöne, ist eine Abstraktion von nur sehr bedingter geschichtlicher Geltung.

Gewiß, der Römer hat die musische Seite seiner Natur oft zu unterdrücken gesucht. In der ältesten Zeit war das ein eisernes Gebot der Notwendigkeit, später eine durch Herkommen geheiligte Konvention der guten Gesellschaft. Selbst Cicero, der Literat und Kunstkenner, fühlt sich nicht nur verpflichtet, in der Öffentlichkeit (wie der moderne Engländer) den Dilettanten zu spielen; der Geist der Gesellschaft, in die er geboren war, hat so viel Macht über ihn, daß er gegen seine Natur die Laufbahn des Staatsmannes einschlägt und seiner literarischen Neigung nur in Zeiten unfreiwilliger Muße nachgibt.

Die Literatur der Römer wächst zwischen zwei Extremen heran: den volkstümlichen Ansätzen zu einer Literatur, die Rom mit den Stämmen Italiens teilte, und den Meisterwerken der Griechen. Das italische Element hat sich nur wenig entfalten können. Die römische *grauitas* hat es zwar nicht ganz unterdrückt, aber auch nie recht aufkommen lassen. Es wirkt als Unterströmung: in der *Fescennina licentia* (Hor. epist. 2, 1, 145), in der oskischen Posse (Atellane), die nicht einmal von dem Verbot theatralischer Aufführungen im Jahre 115 v. Chr. betroffen wurde, und ganz allgemein im Übermut der „lateinischen“ Komödie vom Typus der plautinischen, die sich von der Komödie des Aristophanes nicht weniger als von der des Menander unterscheidet. Der griechischen Kultur dagegen hat sich das siegreiche Rom fast ohne Widerstand ergeben

— willig, doch weder unbedingt noch wahllos; und was der Römer übernahm, hat er umgeformt im Geiste jener *humanitas*, die wir am vollkommensten im Kreise des jüngeren Scipio und im literarischen Werk Ciceros ausgeprägt sehen.

3. Die Erhaltung der römischen Literatur

Dem modernen Betrachter zeigt sich die römische Literatur als ein Trümmerfeld, aus dem nur hier und dort ein Denkmal unversehrt oder leicht beschädigt herausragt. Von den fast achthundert lateinischen Autoren des Altertums, die dem Namen nach bekannt sind, spricht kaum mehr ein Fünftel zu uns aus wenigstens einem erhaltenen Werk; von etwa der Hälfte haben wir Fragmente, die zu einer literarischen Würdigung ausreichen; der Rest sind bloße Namen. Unter dem Verlorenen sind so bedeutende Werke wie Catos Origines, Ciceros Hortensius, die Elegien des Cornelius Gallus, der Thyestes des Varius. Ganze Schulen und Gattungen sind für uns fast völlig verloren: vom Drama in römischem Kostüm (*fabula praetexta* und *fabula togata*), vom Mimus, von der Atellane, von der Annalistik unter Sulla, von der „neuen" Dichtung in der Umwelt Catulls können wir uns nur notdürftig ein beiläufiges Bild machen. Selbst die Rekonstruktion der Annalen des Ennius, der Satiren des Lucilius, der Historien des Sallust, von denen zahlreiche Fragmente vorliegen, ist im einzelnen problematisch.

Die meisten Verluste fallen in das späte Altertum. Was den Sieg des Christentums und die Stürme der Völkerwanderung überlebte, ist nie mehr ganz vergessen worden.[1])

In den Schulen des Karolingerreiches hat man die lateinischen Klassiker mit neuem Eifer studiert und sie zum stilistischen und ästhetischen Vorbild genommen; Männer wie der Abt Lupus von Ferrières im 9. Jahrhundert bemühten sich ernstlich um

---

[1]) In den „dunklen" Jahrhunderten von 600 bis 800 und noch in der Karolingerzeit sind für die Bewahrung der klassischen Literatur die Iren bedeutsam gewesen. Der Missionar und Klostergründer Columbanus († 615), über den wir freilich erst seit seiner Ankunft im Frankenreich genauer unterrichtet sind, zeigt eine Belesenheit in den lateinischen Autoren wie sie damals nur noch Venantius Fortunatus hatte. In welchem Umfang die Iren daheim die klassische lateinische Literatur pflegten, ist schwer feststellbar; man hat früher ihren Anteil an der Vermittlung antiker Bildung oft überschätzt, neuestens pflegt man ihn eher zu unterschätzen. Vielleicht haben irische Gelehrte den Horaztext vor dem Untergang gerettet.

die Beschaffung korrekter Texte. Der karolingische Klassizismus hat lange fortgewirkt; erst an den Universitäten des Hochmittelalters beginnen die Artes gegenüber den „Fakultäten" (Theologie, Jurisprudenz, Medizin) an Bedeutung zurückzutreten. Die Renaissance hat den Bestand an Texten nicht bereichert, sie hat nur vieles, das im späteren Mittelalter wenig beachtet oder vergessen war, ans Licht gezogen, das Vorhandene planmäßig gesammelt und durch zahlreiche Abschriften für seine Erhaltung gesorgt. Auch die Philologie der Neuzeit hat nur wenig hinzugefügt. Daß wir die Palimpseste (s. unten) wieder lesen können, ist eine neue Leistung, keine neue Entdeckung; die lateinischen Papyri sind gering an Zahl und haben uns keinen verlorenen Text von Bedeutung wiedergegeben.

Der Verlust eines so großen Teiles der römischen Literatur hat verschiedene Ursachen. Die allgemeinste Ursache war der Niedergang der Bildung am Ende des Altertums und die Zerstörung und Zersplitterung vieler Bibliotheken in den fast ununterbrochenen Kämpfen und Invasionen. Geplünderte Handschriften kamen leicht zu Schaden; die unvollständigen Exemplare wurden oft als Makulatur verkauft und fanden ihren Weg in Klöster, wo Mangel an Schreibstoff war; dort hat man die alte Schrift notdürftig getilgt und andere Texte, deren man bedurfte, darüber geschrieben *(codices rescripti,* Palimpseste).

Die christliche Kirche war an sich kein Feind der antiken Literatur; sie hat sogar — man denke an Hieronymus († 420) oder Cassiodorus († 580) — vieles davon in ihr Bildungsprogramm aufgenommen. Man hat früh den Wert der heidnischen Literatur für das wörtliche und historische Verständnis der Heiligen Schrift erkannt und darum den alten Autoren, wenn auch nicht ohne Vorbehalt, einen Platz in der christlichen Schule gegeben. Offene Feindschaft gegen die Klassiker wie bei Gregor dem Großen (nach einer freilich erst durch Johannes von Salisbury im 12. Jahrhundert vermittelten Tradition soll er sogar die Palatinische Bibliothek haben verbrennen lassen) ist eine seltene Ausnahme. Die philosophischen Schriften Ciceros, der religiös gefärbte Stoizismus Senecas, die Dichtung Vergils (dessen Vierte Ekloge bald messianisch gedeutet wurde) ließen sich als Vorläufer christlichen Denkens verstehen; aber auch wo Ursache zum Anstoß sein mochte, hat man nicht immer vernichtet, sonst wäre nicht das epikureische Lehrgedicht des Lukrez, Ovids Liebeskunst oder — wenngleich nur trümmerhaft — der satirische Roman des Petronius auf uns gekommen. Auf die Auswahl dessen, was man der Erhaltung wert fand, hat die christliche Denkart wohl bestimmenden Einfluß gehabt; er muß um so wirksamer gewesen sein als mit der staatlichen Anerkennung des Christentums und der Blütezeit der lateinischen Patristik im 4. Jahrhundert ein für die Geschichte des antiken Buchwesens entscheidendes Ereignis, der Übergang von der Papyrusrolle zum Pergamentkodex (dem unmittelbaren Vorläufer unseres Buches) zusammenfällt. Bei der Umschrift in die neue, handlichere Buchform wurde der Ballast über Bord geworfen. Anderseits nahm man in den Kreisen der gebildeten Nobilität eben diese Umschrift zum Anlaß einer sorgfältigen Revision der heidnischen und christlichen Klassiker; davon zeugen die teils originalen, teils aus Vorlagen kopierten Rezensionsvermerke *(subscriptiones)* in Handschriften des Terenz, Horaz, Juvenal, Livius, Fronto, Prudentius.

Neben der Christianisierung des römischen Reiches gab es manchen anderen Grund für eine Auswahl aus der Masse der Literatur und damit eine potentielle Gefahr für das Fortleben des Ausgeschiedenen. Schon in vorchristlicher Zeit waren solche Kräfte am Werk. Das Bessere ist stets der Feind des Guten; in der Antike, der das Nachschaffen *(imitatio)* Prinzip, wenn nicht geradezu Forderung war, hat oft ein Meisterwerk seiner Gattung die unvollkommeneren Vorgänger so sehr in den Schatten gestellt, daß sie allmählich vergessen wurden. Die Aeneis des Vergil und die Satiren des Horaz sollten im Sinne ihrer Dichter das Werk des Ennius und Lucilius ersetzen; die augusteischen Dichter wissen, was sie ihren Vorgängern verdanken, aber sie wissen auch, daß die großen Dichter der Republik dem Kunstgeschmack der eigenen Zeit nicht mehr genügen; Horaz, dessen Genus dem Dichter mehr Freiheit läßt, spricht das auch aus (sat. 1, 4). Ennius und Lucilius haben immer weniger Leser gefunden, sie sind am Ausgang des Altertums nicht mehr in Codices umgeschrieben worden, und ohne die archaistische Mode in der Literatur und Gelehrsamkeit der hadrianischen Zeit wären wir auch noch um viele Fragmente ärmer. Die Tendenz, das weniger Vollkommene fallen zu lassen, ist am stärksten in der Schule. Ein guter Lehrer will seinen Schülern nur das Beste zum Vorbild geben; vielleicht wird er vor dem weniger Vollkommenen ausdrücklich warnen wie Quintilian zur Zeit der Flavier vor dem damals modischen Stil des Seneca — der Ciceronianismus Quintilians hat fast bis heute nachgewirkt. Wenn auch die Schulen des Westens keine so streng kanonische Auswahl gekannt haben dürften wie die Schulen von Byzanz, eine Auswahl haben sie zweifellos getroffen, und mit dem Verfall der allgemeinen Bildung, dem Wandel der sozialen Struktur und der wachsenden Not der Zeit ist der Kreis der Schullektüre immer enger geworden. Quintilian (inst. 10, 1) gibt Charakteristiken von etwa fünfzig lateinischen Dichtern und Schriftstellern; der Grammatiker Arusianus Messius im vierten Jahrhundert nimmt seine Beispiele nur aus vier Autoren: Vergil, Terenz, Sallust und Cicero. Gewiß hat es bis zum Ausgang des Altertums Männer gegeben, die mit der römischen Literatur in weitem Umfang vertraut waren, z. B. Sidonius Apollinaris im fünften Jahrhundert oder Boethius an der Schwelle des sechsten; doch das sind nur die Gipfel einer versinkenden Welt. Der eine oder andere Text mag uns durch Zufall erhalten sein, wie Ciceros Schrift vom Staat oder die Auszüge aus Petronius, die nur in einem Exemplar an das Mittelalter kamen. Hie und da mag ein besonderer Grund vorliegen: Unser Catull-Text geht z. B. auf eine einzige (seither verschollene) Handschrift zurück, die sich noch im 10. Jahrhundert in der Heimatstadt des Dichters, Verona, befand.

Eine große Masse nichtchristlichen lateinischen Schrifttums verdankt ihre Erhaltung dem Bedarf des täglichen Lebens. Das meiste davon ist „Nutzliteratur", oft in unkünstlerischer oder unliterarischer Sprache: technische Werke wie die Architektur des Vitruvius (Zeit des Augustus), die Bücher des Vegetius (4. Jh.) über Militärwesen und Veterinärmedizin, Schriften über Landwirtschaft und das spätantike Corpus der Feldmesser. Der Not des Menschen dient auch die Medizin; hier stehen die Römer ganz unter dem Einfluß der Griechen, von der Medizin des Celsus (1. Jahrhundert n. Chr.) bis zu den späten, oft stark vulgärlateinischen Übersetzungen griechischer Werke.

Eine Ursache des Unterganges vor allem umfangreicher Werke ist die seit dem 3. Jahrhundert n. Chr. beliebte Praxis des Epitomierens, ein Vorläufer unserer gekürzten Ausgaben und *book digests*. Nicht jeder Leser hatte Geduld und Muße, die 142 Bücher der Römischen Geschichte des Livius zu studieren; man hat schon früh Auszüge gemacht und sie buchhändlerisch vertrieben. Aber im 3. und 4. Jahrhundert schrumpfen diese Auszüge zu dürftigen Kompendien zusammen. Das Schicksal des Livianischen Werkes ist bekannt: von seinen 142 Büchern besitzen wir nur mehr 35. Ein Beispiel für fortschreitendes Exzerpieren ist das Werk *De uerborum significatu* des gelehrten Antiquars M. Verrius Flaccus, der zur Zeit des Augustus lebte. Dieses wertvolle enzyklopädische Lexikon ist nur in dem Auszug des Sex. Pompeius Festus (Ende des 2. Jahrhunderts) auf uns gekommen, und auch den haben wir nur unvollständig; wo er fehlt, müssen wir uns mit einem Auszug aus dem Auszug begnügen, den Paulus Diaconus im 8. Jahrhundert machte.

4. Quellen der römischen Literaturgeschichte

Die wichtigste Quelle der römischen Literaturgeschichte sind die erhaltenen Werke. Ihr Studium ist die erste, durch nichts zu ersetzende Aufgabe des Literarhistorikers. Wir wollen ein Literaturwerk aber nicht nur sprachlich verstehen, ästhetisch würdigen und seinen geistigen Gehalt als solchen erfassen, sondern es auch geschichtlich begreifen, als Schöpfung seines Autors, als bedingtes und bedingendes Element einer geistigen, politischen, sozialen Situation, als Glied in der Entwicklung einer literarischen Form, als Ausdruck einer künstlerischen Tendenz.

Hier ist unsere erste Schwierigkeit. Ein antiker Autor gibt sich in seinem Werk kaum je so unmittelbar wie ein moderner, und die antike Biographie geht bei ihrer Vorliebe für anekdotische Clichés nur selten auf jene persönlichen Züge ein, die uns das Schaffen eines Autors verständlich machen. Ausnahmen, z. B. die Viten des Terenz, Vergil und Horaz aus dem nur in späteren Auszügen erhaltenen Werk *De poetis* des Sueton, lassen ahnen, was uns sonst entgangen sein mag. Da erfahren wir etwa Einzelheiten über die Arbeitsweise des Vergil oder tun einen Blick in die Korrespondenz des Augustus mit Horaz und Maecenas.

Auch an aufschlußreichen Selbstzeugnissen fehlt es nicht ganz. Was für ein Bild hätten wir von der Persönlichkeit Ciceros ohne die Briefe an Atticus! Horaz tritt uns in den Satiren und Episteln und auch in manchen Oden als Mensch und Dichter fast mit der Unmittelbarkeit eines Zeitgenossen entgegen; wir kennen sogar seinen persönlichen Lebensstil. Die poetische Selbstbiographie des Ovid (trist. 4, 1) ist mit jener Feinheit psychologischer Beobachtung geschrieben, die diesen modernsten unter den Augusteern auch sonst auszeichnet. Schon im 2. Jahrhundert v. Chr. setzt sich Terenz in den Prologen seiner Komödien mit der zeitgenössischen Kritik auseinander. Die meisten Selbstzeugnisse römischer Autoren, vor allem der älteren Zeit, betreffen jedoch nur Daten des „äußeren“ Lebens, der Abfassung ihrer Werke oder persönlich entscheidende Ereignisse wie die Verleihung des Bürgerrechtes an Ennius oder Vergils Verlust des väterlichen Gutes. Erst am Ende der Antike begegnet uns eine modern anmutende Selbstanalyse, in den Bekenntnissen des heiligen Augustinus; das Christentum hat eine neue Dimension des Innenlebens erschlossen. Natürlich ist nicht jede Ich-Aussage ein Selbstzeugnis; so mußten die heute (wenigstens in der Wissenschaft) aufgegebenen Versuche, aus den Gedichten des Catull, Tibull und Properz deren „Liebesromane“ zu rekonstruieren, schon am Wesen der antiken Dichtung scheitern.

Neben das Selbstzeugnis tritt die gegenseitige Bezeugung. Schon die Alten haben im *Miles gloriosus* des Plautus eine Anspielung auf den Streit des Dichters Naevius mit den Metellern und seine Bestrafung entdeckt. Properz kündigt bereits um das Jahr 26 v. Chr. das Werden der Aeneis an (2, 34, 61 ff.), die erst nach Vergils Tod im Jahre 19 herausgegeben wurde. Livius hat uns in einem kostbaren Fragment des verlorenen 120. Buches einen anschaulichen Bericht vom Ende Ciceros überliefert; die Briefe des jüngeren Plinius enthalten interessante Nachrichten über seinen Freund Tacitus; der ältere Seneca (am Anfang der Kaiserzeit) hält Erinnerungen an Ovids rhetorische Studien fest, die das Selbstportrait des Dichters um charakteristische Züge bereichern.

Schließlich lernen wir manches aus der Vergleichung literarischer Werke, vor allem solcher, die innerhalb derselben Gattung im Verhältnis von Vorgänger und Nachfolger stehen. Ein solcher Vergleich setzt allerdings die einfühlende, eben darum auch subjektive, Interpretation voraus.

Mit diesem Material und mit wesentlich gleichen Methoden hat schon die Philologie der Antike gearbeitet. Nur war sie in einer besseren Lage als wir, denn damals lagen die meisten Texte noch vollständig vor. Aussagen und

Urteile antiker Grammatiker und Rhetoren sind oft die einzige Quelle unserer Kenntnis verlorener Werke. Immerhin können wir die Arbeitsweise dieser Gelehrten an den erhaltenen Originalen prüfen und abschätzen und so ihr Zeugnis richtiger bewerten, wo wir nur Fragmente oder selbst diese nicht haben.

Eine wissenschaftliche Philologie hat sich in Rom seit der Mitte des 2. Jahrhunderts v. Chr. unter dem Einfluß und nach dem Vorbild der pergamenischen und alexandrinischen entwickelt. Ihr erster bedeutender Vertreter ist L. Aelius Stilo zur Zeit Sullas. Zu den wichtigsten Aufgaben der römischen Philologen gehörte die Bestandaufnahme der archaischen Literatur und die Feststellung ihrer Chronologie. Daten waren zum Teil aus amtlichen Aufzeichnungen ersichtlich: Nicht nur Prozessionslieder wie das des Livius Andronicus, auch Tragödien und Komödien, die wie in Griechenland zum Programm religiöser Feste gehörten, wurden von Staats wegen bestellt oder zur Aufführung erworben. Aus amtlichen Quellen stammen z. B. die „Didaskalien“, die nach alexandrinischem Muster Datum und andere Einzelheiten der Aufführung eines dramatischen Werkes festhalten; solche Didaskalien haben wir noch zu den Komödien des Terenz und zu zwei Komödien des Plautus. Zur Zeit der Gracchen behandelte der Tragiker L. Accius in einem Lehrgedicht *Didascalica* die dokumentatorische Geschichte der griechischen und römischen Literatur, vor allem des Dramas. Zur selben Zeit haben Philologen begonnen, sich um Plautus zu bemühen, der besonders populär war; schon damals war der Text der Stücke, die nur in Bühnenexemplaren umliefen, arg verwildert, auch ging manches fremde Gut unter seinem Namen. Der Text wurde damals, so gut es ging, fixiert; aber erst Varro, ein Zeitgenosse Ciceros, schied auf Grund eingehender Studien aus der Masse der „Plautinischen“ Komödien einundzwanzig aus, die er für unzweifelhaft echt erklärte; sie sind mit Ausnahme der letzten fast unversehrt als Sammelausgabe auf uns gekommen. Varro hat auch in seine *Imagines* — Bildnisse berühmter Römer mit begleitendem Text — die älteren Dichter und Schriftsteller aufgenommen und Cornelius Nepos, ein Mann derselben Generation, hat in seinem nur teilweise erhaltenen Werk *De uiris illustribus* auch Biographien römischer Redner und Historiker gegeben.

In unserem Sinn ist das freilich nicht Literaturgeschichte, aber die gab es im Altertum überhaupt nicht. Lebensbeschreibungen von Autoren fallen in das Genos Biographie, Listen der Werke, Echtheitsfragen und Sprachstudien sind Sache des Grammatikers, die ästhetische Kritik betreibt vor allem der Rhetor, und das Wesen der Literaturgattungen und ihre (oft recht aprioristisch rekonstruierten) Ursprünge behandelt die Poetik, die ein Teil der Philosophie ist. Eine Synthese dieser Gesichtspunkte oder gar der Versuch, in deren Licht die nationale Literatur geschichtlich zu studieren, lag der Antike fern. Natürlich sind die Grenzen nicht absolut. Schon das Gedicht *De poetis* des Volcacius Sedigitus (um die Wende vom 2. zum 1. Jahrhundert) verbindet biographische Darstellung mit ästhetischen Urteilen (das längste Fragment ist ein Kanon der Palliatendichter); Ciceros Brutus, unsere wichtigste Quelle für die ältere römische Beredsamkeit, enthält neben rhetorischen Charakteristiken auch manches persönliche Detail; der ältere Seneca hat allerlei Anekdoten aus der Rhetorenschule überliefert; die Biographien des Suetonius haben auch gelegentlich Raum für Echtheitsfragen und Literaturkritik. Nur Quintilians Übersicht über das römische Schrifttum ist ausschließlich rhetorisch — er handelt ja von der Ausbildung des Redners.

Leider hat die römische Literaturforschung das Schicksal ihres Gegenstandes geteilt. Nur weniges ist erhalten: Ciceros Brutus, die Biographien des Cato und Atticus von Cornelius Nepos, die Sammlung rhetorischer Musterstücke des älteren Seneca, Quintilian, und aus den *Virorum illustrium libri* des Sueton (unvollständig) der Abschnitt *De grammaticis et rhetoribus*. Das vollständige Werk war noch im 4. Jahrhundert bekannt; Donat entnahm ihm die Biographien, die er seinem Terenzkommentar und seinem verlorenen Vergilkommentar voranschickte. Donat hat wohl auch seinen Schüler Hieronymus mit Sueton vertraut gemacht; Hieronymus hat nicht nur zahlreiche Auszüge aus Sueton in seine lateinische Bearbeitung der Weltchronik des Eusebios aufgenommen, er hat auch selbst in Nachahmung Suetons unter dem Titel *De uiris illustribus* einen Abriß der christlichen Literaturgeschichte verfaßt, der von Gennadius von Marseille (Ende des 5. Jahrhunderts) und Isidor von Sevilla († 636) weitergeführt wurde.

Sueton beschließt den Abschnitt über die Grammatiker mit der Würdigung eines Mannes, dessen Tätigkeit, von der Mitwelt wenig beachtet, für die Sicherung der älteren Klassikertexte und ihr sprachliches Verständnis von großer Bedeutung wurde — des M. Valerius Probus. Er stammte aus Berytos (Beirut) und scheint bis gegen Ende des 1. Jahrhunderts n. Chr. gelebt zu haben. Zu einer Zeit, da in der Hauptstadt die ältere Literatur aus der Mode gekommen war und kaum mehr in den Schulen gelehrt wurde, sammelte Probus in der Provinz, wo man stets konservativer blieb, alte Texte, reinigte sie von Fehlern, versah sie nach Alexandrinerart mit kritischen Zeichen und notierte Eigenheiten des Sprachgebrauches. Er veröffentlichte nur wenig, über Spezialfragen und von geringem Umfang. Niemals hatte er mehr als zwei bis drei Schüler zur gleichen Zeit; in zwangloser Unterhaltung führte er diese in seine Interessen und seine Arbeitsweise ein. Sie haben dann im Sinn des Lehrers gewirkt und sicher viel zu dem literarischen Archaismus des 2. Jahrhunderts beigetragen. Der Antiquar Aulus Gellius (geb. um 130) hat noch Schüler des Probus persönlich gekannt; ihm verdanken wir auch Nachrichten, die über Sueton hinausgehen. Probus scheint selbst keinen regelrechten Kommentar geschrieben zu haben; doch Spuren seiner textkritischen Arbeit finden sich in den Vergilkommentaren und im Terenzkommentar des Donat.

Kommentare waren vor allem in der Schule nötig; für manche Autoren gehen sie in ziemlich frühe Zeit zurück. Ob die Erklärungen schon im Altertum (wie in den Handschriften des Mittelalters) an den Rand des Textes geschrieben wurden, ist ungewiß; im allgemeinen wurden sie wahrscheinlich als selbständige Werke veröffentlicht, vor allem dann, wenn es sich weniger um sprachliche und sachliche Einzelerklärung handelte als um allgemeinere, z. B. geschichtliche, Voraussetzungen für das Verständnis des Textes. Solcher Art ist der Kommentar zu mehreren Reden Ciceros, den Asconius Pedianus im 1. Jahrhundert n. Chr. mit gründlicher Kenntnis der Zeitgeschichte schrieb. Auch Acro, dessen verlorener Horazkommentar wahrscheinlich ins zweite Jahrhundert fällt, war offenbar noch in der Lage, die Umwelt des Dichters aus guten Quellen zu studieren und vor allem die Personen festzustellen, auf die Horaz anspielt. Einzig in seiner Art ist das *Commentum Terenti* des Aelius Donatus, der feinsinnige Sprachbetrachtung mit ästhetischer und dramaturgischer Analyse verbindet und darüber hinaus literarhistorisch wichtige Angaben macht, die zeigen, wie Terenz seine griechischen Vorbilder benutzt hat. Die anderen Kommentare der Spätantike sind literarhistorisch weniger interessant: Entweder sind sie zu schulmäßig, wie der Vergilkommentar des Ti. Claudius Donatus, oder schweifen, wie Servius, zu sehr in Gebiete ab, die das literarische Verständnis des Textes nicht fördern.

Biographen, Grammatiker, Antiquare und daneben noch die Philosophen sind auch unsere wichtigsten Fundgruben für Fragmente verlorener Werke. Der Quellenwert solcher Autoren ist recht verschieden. Cicero zitiert oft und viel aus der älteren Dichtung, vor allem seinen Lieblingsdichter Ennius; seine Zitate sind meistens Zeugnisse für philosophische Thesen oder rhetorische Beispiele. Das hat für uns den Vorteil, daß wir oft längere Stücke kennen lernen. Der Zusammenhang, der den Lesern Ciceros vertraut war, ist freilich oft nur angedeutet; auch ist nicht immer ganz klar, was Zitat, was Paraphrase und was verbindender Text ist. In größeren Zusammenhängen haben auch Aulus Gellius im 2. *(Noctes Atticae)*, Censorinus im 3. *(De die natali)* und Macrobius zu Anfang des

5. Jahrhunderts (*Saturnalia;* Kommentar zu Ciceros *Somnium Scipionis)* ihr Material ausgebreitet. Die grammatischen Lehrbücher dagegen (am einflußreichsten waren Aelius Donatus im 4. Jahrhundert und Priscian um 500) zitieren nur um der Sprache willen und ohne Interesse für den weiteren Zusammenhang; noch schlimmer steht es in der *Compendiosa doctrina* des Nonius Marcellus (4. Jahrhundert?), dem es nur auf philologische und antiquarische Raritäten ankommt. Da wird bestenfalls das Werk, bei umfangreichen Werken auch das Buch genannt, aus dem ein Zitat stammt; auch dann bleibt der Einordnung des Fragmentes oft noch ein weiter Spielraum.

Von den modernen Darstellungen der römischen Literatur verdienen nur wenige den Namen einer Literaturgeschichte. Beachtenswert als Versuch war G. Bernhardy, Grundriß der röm. Lit., ^{2}1872. Am umfassendsten — so unentbehrlich wie unlesbar — sind: W. S. Teuffel, Geschichte der röm. Lit., neu bearb. v. Schwabe, Kroll, Klostermann u. a., I^{6} 1916, II^{7} 1920, III^{6} 1916, und M. Schanz, Geschichte der röm Lit. bis z. Gesetzgebungswerk des Kaisers Justinian, neu bearb. v. C. Hosius u. G. Krüger, I^{4} 1927, II^{4} 1935, III^{3} 1922, IV.1^{2} 1914, IV.2 1920. Grundlegende Artikel enthält auch die Realencyklopädie des klassischen Altertums (1894—); die frühen Bände sind freilich sehr veraltet. Jährliche Bibliographie: L'Année philologique, hrsg. v. J. Marouzeau. Bursians Jahresberichte werden seit Kriegsende durch die Zeitschrift „Lustrum" fortgesetzt.

Von Friedrich Leos vielversprechender Geschichte der röm. Literatur ist nur der erste Band: Die archaische Literatur, 1913 eschienen; daneben steht seine knappe Darstellung des Gegenstandes in Die Kultur der Gegenwart I 8 (1912). Anregend und reich an Gesichtspunkten, doch oft zum Widerspruch reizend, sind zwei Werke mäßigen Umfangs: A. Kappelmacher-M. Schuster, Die Lit. der Römer bis zur Karolingerzeit (1934) und E. Bickel, Lehrbuch der Geschichte der röm. Lit. (^{2}1961). Ausgezeichnet bei knappster Form (vor allem für das Verständnis der literarischen Genera) ist E. Norden, Die röm. Lit., ^{3}1927, ^{5}1954 („Quellen u. Materialien" bearb. v. H. Fuchs). Genannt sei noch: A. Klotz, Geschichte der röm. Lit. (1930; Abriß 1947); C. Cichorius, Röm. Studien, 1922; W. Kroll, Studien z. Verständnis d. röm. Lit., 1924; E. Howald, Das Wesen der latein. Dichtung, 1948; K. Büchner-J. B. Hofmann, Latein. Lit. u. Sprache in d. Forschung seit 1937 (Wissenschaftl. Forschungsberichte 6, 1951) — ein umfassender, die Probleme erörternder Literaturbericht, doch beachte man die ernsten Vorbehalte von W. Schmid: Roman. Forsch. 63 (1951) 398—406; K. Büchner, Römische Literaturgeschichte: ihre Grundzüge in interpretierender Darstellung, 1957. Immer noch sehr lesenswert (doch kritisch!) sind die Literaturkapitel in Mommsens Römischer Geschichte. Fremdsprachige Werke: E. Paratore, Storia della letteratura latina, 1950; E. Bignone, Storia della letteratura latina, 3 Bde, 1945—1950 (von den Anfängen bis Cicero); A. Rostagni, Storia della letteratura latina, 2 Bde, 1949, 1952; I. Lana, Letteratura latina, 1963; A. G. Amatucci, La letteratura di Roma imperiale, 1947; H. J. Rose, A Handbook of Latin Literature, ^{3}1954. — J. W. Duff, A Literary History of Rome from the Origins to the Golden Age, ^{3}1953; ders., A Literary History of Rome in the Silver Age, ²1960; J. W. H. Atkins, Literary Criticism in Antiquity, II² (Greco-Roman), 1952. Sehr wertvoll und anregend ist H. Bardon, Les empereurs et les lettres latines, 1940; ders., La littérature latine inconnue, 2 Bde, 1952. Die geistes- u. sozialgeschichtl. Elemente in der röm. Lit. sind besonders klar herausgearbeitet in zwei amerik. Werken: T. Frank, Life and Letters in the Roman Republic, 1930, u. E. K. Rand, The Building of Eternal Rome, 1943. Für die Überlieferung der antiken Lit. ist grundlegend G. Pasquali, Storia della tradizione e critica del testo, ²1952; Geschichte der Textüberlieferung I (1961) 309—422 (K. Büchner), 511—76 (H. Rüdiger).

Literaturgattungen: M. L. W. Laistner, The greater Roman historians, 1947; E. Howald, Vom Geist antiker Geschichtsschreibung, 1944. — F. Leo, Die griechisch-römische Biographie nach ihrer literarischen Form, 1901; G. Misch, Geschichte der Autobiographie, ³I, 1—2 (Das Altertum), 1949—1950. — H. Peter, Der Brief in der römischen Literatur, 1901. — R. Helm, Der antike Roman, 1956. — U. Knoche, Die römische Satire, 1949; O. Weinreich, Römische Satiren, 1949; L. Radermacher, Weinen und Lachen, 1947. — Drama: S. 45.

Allgemeines: R. Heinze, Von den Ursachen der Größe Roms, 1921. — F. Leo, Die Originalität der römischen Literatur, 1904. — G. Jachmann, Die Originalität der römischen Literatur, 1926. — F. Klingner, Römische Geisteswelt, ⁴1961. — K. Büchner, Humanitas Romana, 1957. — E. Löfstedt, Roman Literary Portraits, 1958.

Literatur zu einzelnen Epochen und (in strengster Auswahl) zu einzelnen Autoren wird am Ende jedes Abschnittes gegeben. Textausgaben verzeichne ich nicht, Kommentare nur dann, wenn sie literarhistorisch wichtig sind.

I. Die römische Literatur bis zum Tode des jüngeren Scipio

1. Die vorliterarische Zeit

Die Voraussetzungen für das Entstehen einer Literatur können in Rom nicht wesentlich anders gewesen sein als im übrigen Italien. Die älteste römische Gemeinde wird dieselben kollektiven Bedürfnisse gehabt haben wie ihre näheren und ferneren Nachbarn. Doch hat sie schon früh in stärkerem Maße unter mannigfachen, sich kreuzenden und durchdringenden Einflüssen gestanden. Rom hatte nicht nur reichen Zuzug von den umliegenden Stämmen — der Romulus der Legende erklärt seine Stadt zum Asyl — und absorbierte mit der Ausbreitung seiner Herrschaft immer neue italische Elemente; es steht von Anfang an im Schatten zweier überlegener Zivilisationen, der etruskischen und der griechischen.

Art und Grad dieser Einflüsse ist schwer zu bestimmen. Etruskisch sind zahlreiche Lehnwörter, meist Kulturwörter, die die Lebensformen eines gehobenen Standes spiegeln. Noch deutlicher sprechen für das etruskische Element in Rom die zahlreichen etruskischen Geschlechtsnamen; auch die römische

Legende bezeugt die etruskische Herkunft der Tarquinier. Selbst der Name „Rom" scheint etruskisch zu sein; vielleicht waren es Etrusker, die aus der Siedlung am Tiber eine Stadt machten. Etruskischer Einfluß zeigt sich allenthalben im religiösen und staatlichen Zeremoniell: in den Liktoren, die den König und später die höchsten Beamten und Priester begleiten, im Triumph (einschließlich des Erdrosselns der im Festzug mitgeführten Könige und Führer der besiegten Feinde), im Ahnenkult der vornehmen Geschlechter mit ihren Ahnenbildern *(imagines)*, die beim feierlichen Begräbnis als Masken getragen wurden, in der Eingeweideschau (Haruspizin) und anderem Ritual, das der Römer summarisch *disciplina Tusca* nannte *(libri haruspicini, fulgurales, rituales)*. Religiösen Ursprungs sind auch die blutigen Gladiatorenspiele, die zuerst beim Begräbnis des Etruskers (?) D. Iunius Pera, 264 v. Chr., in Rom gegeben wurden; die etruskische Religion kannte das Menschenopfer, und wenn Rom in historischer Zeit gelegentlich aus besonderem Anlaß Menschen opferte, dann folgte man so gut wie sicher etruskischer Praxis. Seit die Herrschaft der Etrusker gebrochen war, hat Rom ihre Bedeutung für die eigene Vergangenheit nicht recht wahrhaben wollen; aber wer etruskisches Blut in den Adern hatte, wie Maecenas, war doch stolz darauf. Auf das Wesen des Römers hat die Art der Etrusker, die selbst auf der Höhe ihrer Macht nur eine dünne Oberschicht bildeten, kaum starken Einfluß gehabt. In der römischen Literatur finden sich neben dem Dilettanten Maecenas nur zwei Etrusker, der Satiriker Persius zur Zeit Neros und der späte Elegiker Maximianus.

Viel tiefer ging der Einfluß der Griechen, obgleich er zunächst nicht so greifbar ist. Rom war griechischem Einfluß schon lange offen bevor es als politischer Faktor in die Welt des Hellenismus trat. Indirekt war Griechisches sowohl durch die Etrusker, deren Kultur im Schatten der griechischen stand, wie durch die Süditaliker, vor allem die Osker, vermittelt worden, die enge Beziehungen zu den Städten Großgriechenlands hatten, aber auch unter etruskische Herrschaft gekommen waren. Etruskisch ist z. B. die römische Form mancher griechischen Götter- und Heroennamen (Pollux, Aprilis „Monat Aphrodites"?); auch das Wort *persona* (ursprünglich „Maske") ist doch wohl griechisches *prósopon* auf dem Umweg über etruskisches *fersu*. Wenn anderseits im Lateinischen der Held der Odyssee mit einer westgriechischen Namensform Ulixes heißt, wenn die hellenische Nation den Namen eines kleinen böotischen Stammes *(Graeci)* trägt, dann wird italische Vermittlung der Grund sein. Direkte Berührung mit der griechischen Kultur wird in dem Bericht vom Ursprung des Zwölftafelgesetzes (Liv. 3, 31) angenommen und von der vergleichenden Rechtsgeschichte bestätigt; griechische Kultlieder dürften schon die älteste lateinische Sakralpoesie mitgeformt haben; der „saturnische" Vers der altrömischen Dichtung hat trotz seines italischen Namens griechische Parallelen, vielleicht Vorbilder (E. Fraenkel, Eranos 49, 1951, 170 f.).

Wesen und Ursprung des Saturniers sind umstritten. Der Vers ist italisch, nicht ausschließlich römisch. Er läßt sich weder als rein quantitierend noch als rein akzentuierend erweisen. Die ältesten Beispiele (Arvallied, Livius Andronicus, Naevius, die Scipio-Elogien u. a.) zeigen große Mannigfaltigkeit der Form und Freiheit der Behandlung. Die Versbetonung scheint dem Satzakzent zu folgen; doch ist das Wesen des ältesten lateinischen Akzents ebenso problematisch wie das des Saturniers, und die lateinische Prosodie kennen wir erst in der Form wie sie Ennius festgelegt hat.

Der Saturnier ist eine Langzeile, verwandt den Langzeilen anderer indogermanischer Sprachen. Von ihren Hälften (zu je zwei Dipodien) — hat die erste oft steigenden, die zweite fallenden Rhythmus; die Senkungen sind frei und können unterdrückt werden. Als Beispiel diene der Anfangsvers der *Odusia* des Livius Andronicus:

uirum mihi, / Camena, // insece / uersutum

„den Mann mir, Camene, / sing', den vielgewandten".

Griechische Verse, die dem Saturnier analog sind, könnten die Römer in Süditalien kennen gelernt haben. Ob der Saturnier solchen Versen nachgebildet ist oder unter ihren Einfluß kam, bleibt ungewiß.

Die sprachlichen Gebilde, aus denen Literatur entsteht, sind überall zunächst an bestimmte Anlässe gebunden oder dienen bestimmten Bedürfnissen des Lebens. Von „Literatur" kann erst die Rede sein, wenn das mündlich Überlieferte aufgezeichnet wird; aber auch die mündlich fortgepflanzte Dichtung, Erzählungskunst und Lehrweisheit hat eine lange Vorgeschichte.

Jede Sprachgemeinschaft kennt neben der ungebundenen Rede des täglichen Verkehrs die gebundene, formelhafte Rede — als „Antwort" auf typische Situationen, als Formulierung typischer, wenigstens potentiell kollektiver Erfahrung. Es ist eine Form gehobener Sprache, in der sich oft Vers und rhythmische Prosa noch nicht deutlich scheiden. In dem Maße als die archaischen Lebensformen gebundener sind als die komplexen und differenzierten späterer Gesellschaftsstufen, nimmt auch das Formelhafte in der Sprache einen größeren Raum ein. Das war vor allem bei dem konservativen Römer so, der jene archaische Förmlichkeit in Religion und Recht, im öffentlichen und im privaten Leben viel länger aufrechterhielt als die Griechen. Diese Förmlichkeit *(grauitas)* blieb noch lange verpflichtende Sitte nachdem sie aufgehört hatte, Ritual zu sein.

Die formelhafte Rede nennt der Römer *carmen*. Das Wort umfaßte in älterer Zeit nicht nur (nach der Definition des Servius, zu Aen. 3, 287) „was in Verse gefaßt ist" *(quidquid pedibus continetur)*, sondern überhaupt alles, was in formelhafter Rede *(conceptis uerbis)* geäußert wurde: Gebet und Zauber, Rechtssatzung und Sprichwort, öffentliche Verbalakte der Beamten und Priester, und natürlich auch das Lied, aus dem erst später, unter griechischem Einfluß, das „Gedicht" wurde.

Ein altrömisches Gebet, das der Hausvater beim alljährlichen Flurumgang *(ambarualia)* seines Grundbesitzes im Frühling sprach, hat uns Cato aufbewahrt (agr. 141). Da finden sich rhythmische Satzglieder, Asyndeton, „wachsende" Dreiergruppen mit -que an letzter Stelle, Alliteration und Reim, schließlich wiederkehrende Zeilen und Formeln, die das Ganze gliedern und ihm Aufbau geben. Auch von Kultliedern haben wir noch einige Kunde. Die Salier („Springer") — so hieß eine Priesterschaft des Mars — hielten im März und Oktober, am Beginn und Ende des Bauernjahres, Umzüge mit feierlichem Tanz und Liedern (Liv. 1, 20, 4); aus anderer Quelle wissen wir noch, daß es mehrere Arten solcher Salierlieder gab. Unmittelbar kennen wir das Lied der Fratres Arvales („Flurbrüder"), Priestern der Flurgöttin Dea Dia, deren Fest im Mai begangen wurde. Den Text des Liedes enthält ein Protokoll dieser Priesterschaft aus dem Jahre 218 n. Chr.; sein archaischer Wortlaut war damals schon unverständlich und hat sich erst der modernen Sprachwissenschaft wieder erschlossen. Der Vers des Liedes ist der Saturnier. Am Ende steht ein fünfmaliges *triumpe;* aber *io triump(h)e* ist auch der Jubelruf beim Triumphzug des siegreichen Feldherrn — ursprünglich gleichfalls ein Sakralakt, und auch beim Triumph wurden Lieder gesungen. Das waren freilich Spottverse der Soldaten auf ihren Feldherrn (zwei solche Verse, auf Caesar, sind bei Sueton zu lesen); sie mögen einst apotropäischen Sinn gehabt haben.

In die religiöse Sphäre gehören auch die *indigitamenta* der Pontifices, „Beschwörungen" göttlicher Wesen, z. B. *adesto, Tiberine, cum tuis undis* (Saturnier, Serv. Aen. 8, 72). Ein Schritt weiter und wir sind in der Welt des Zaubers, wovon uns späte Autoren einige Proben geben. Ein „magischer" Akt von hohem Alter ist die Todesweihe *(deuotio):* Der römische Feldherr weiht im Augenblick höchster Gefahr sich und die Feinde den Göttern der Unterwelt; dann sucht er in der Schlacht den Tod, um so den Feind in seinen Untergang mit hineinzureißen. Die Worte der Todesweihe des P. Decius Mus (in der Schlacht am Vesuv, 340) bei Livius (8, 9, 6—8) geben in jüngerer Sprache eine alte Devotionsformel wieder.

Kriegslieder, Arbeitslieder, Wiegenlieder haben die Römer gewiß besessen; spätere Autoren nehmen ihr Bestehen an, aber erhalten hat sich fast nichts davon. Auch von den anzüglichen *uersus Fescennini,* die man bei der Hochzeitsfeier improvisierte, wissen wir nur indirekt (z. B. durch Festus-Paulus, p. 85). Aus Livius, der sie nach unbekannter Quelle mit den Anfängen des römischen Dramas in Verbindung bringt (7, 2, 7), lernen wir, daß man sich diese Spottverse gegenseitig zurief; das sagt auch Horaz (epist. 2, 1, 139 ff.), aber dessen *Fescennina licentia* hat ein ländliches Erntefest zum Anlaß. Die dialogische Form der Fescenninen mag alt sein; ihren Platz in der Geschichte des Dramas verdanken sie offenbar einer gelehrten Theorie nach griechischem Vorbild. Der Name *Fescennini* (von der faliskischen Stadt Fescennium in Etrurien) deutet auf etwas, das von auswärts entlehnt wurde; aber der Brauch als solcher wird doch wohl heimisch sein.

Ähnlich steht es mit dem improvisierten Drama, der italischen Posse. Die war gewiß in Rom so gut daheim wie irgendwo, und doch heißt sie *ludus Oscus, fabula Atellana.*

Dann muß die besondere Form, die man in Rom pflegte, von der oskischen Stadt Atella gekommen sein.

Neben die Atellane, die von römischen Bürgern gespielt wurde, trat das Theater der Berufsschauspieler *(histriones)*. Livius (7, 2), offenbar älterer Tradition folgend, führt dessen Ursprung darauf zurück, daß im Jahre 364 zur Abwendung einer Seuche etruskische Tänzer nach Rom berufen wurden und rituelle Tänze aufführten; ihre Darbietung fand Gefallen, und man behielt die *ludi* auch ohne den Anlaß bei. Diese „Vorgeschichte" des römischen Dramas, die auch Fescenninen und *satura* (S. 32) einbezieht, macht den Eindruck einer künstlichen Rekonstruktion. Die späteren *ludi scaenici* stehen jedenfalls ganz in der Tradition des griechischen Theaters. Daß man auch in Etrurien Bearbeitungen griechischer Stücke aufgeführt habe, ist denkbar, doch fehlt darüber jede Nachricht. Das Wort *histrio* ist freilich etruskisch.

Lebenserfahrung gibt der Vater an den Sohn weiter, so die „Bauernregel" (Paulus-Festus S. 82, 21 f. L.) *hiberno puluere uerno luto grandia farra, Camille, metes* (etwa: „Winterstaub und Frühlingsregen bringen, Camillus, dir Erntesegen"). Sie wird zur Lebensregel in den Sprüchen *(praecepta)* eines zeitlich nicht festlegbaren, vielleicht legendären Sehers *(uates)* Marcius; bekannt ist sein Rat: *postremus dicas, primus taceas* (Isid. orig. 6, 8, 12).

Die Lebensregel der Bürgerschaft ist das Recht. Alte Rechtstexte sind überall formelhaft und waren es besonders in Rom. Noch Cicero hat in der Schule das Zwölftafelgesetz — theoretisch die Quelle aller römischen Rechtsprechung — *ut carmen necessarium* auswendig gelernt (leg. 2, 59). Der Text dieses Gesetzes war, wie sein Name sagt, auf zwölf Bronzetafeln geschrieben worden, als das alte Gewohnheitsrecht, dessen Verwaltung lange ein Privileg der Patrizier gewesen war, auf Drängen der Plebs veröffentlicht wurde. Die Aufzeichnung soll der Dezemvir Appius Claudius (451/450) veranlaßt haben; aber der Text, den Spätere zitieren, ist vermutlich um 300 von dem Zensor gleichen Namens redigiert worden.

Altererbt ist das Lob der Toten. Das hat seinen Platz zunächst in der Totenklage *(naenia)* und in der Leichenrede *(laudatio funebris* — eine Wurzel der römischen Prosa; eine Vorstellung davon gibt die inschriftlich erhaltene *laudatio Turiae*, CIL 6, 1527, aus dem letzten Dezennium v. Chr.). Das dauernde Andenken der Verstorbenen bewahren die *tituli* unter den Ahnenbildern und die Grabschriften *(elogia);* wir besitzen noch die Grabschriften auf mehrere Scipionen, beginnend mit L. Cornelius Scipio Barbatus, cos. 298, und Epigramme auf berühmte Dichter wie Naevius und Ennius — letzteres, nach Ciceros Zeugnis, vom Dichter selbst verfaßt. Das Lob der Ahnen wurde auch beim Gastmahl gesungen; aber schon für Cato († 149), auf den sich Cicero (Brut. 75; Tusc. 4, 2, 3) beruft, dürfte das nur mehr ferne Kunde gewesen sein; man wird bei diesen *carmina* — anscheinend ein Rundgesang — eher an Kurzgedichte wie die attischen Skolien auf die Tyrannenmörder denken als an Balladen.

Wie die Geschlechter das Andenken der Vorfahren bewahrten, so hat man auch festgehalten, was die Bürgerschaft als Ganzes betraf. Der oberste Priester *(pontifex maximus)* verzeichnete von Jahr zu Jahr öffentlich auf einer weißen Tafel bemerkenswerte Ereignisse. Wenn Cato (bei Gellius 2, 28, 6) nicht übertreibt, so enthielten diese *Annales* kaum etwas, das wir Geschichte nennen würden, wohl aber Nachrichten über Teuerungen, Sonnen- und Mondesfinsternisse und andere Prodigien — Dinge, die jene Priesterschaft angehen mochten. Diese Annalen wurden, als es längst schon eine private Geschichtschreibung gab, bis in die Spätzeit der Republik weitergeführt. Zur Zeit der Gracchen gab sie der Pontifex Maximus P. Mucius Scaevola in 80 Büchern als *Annales maximi* heraus. Der Titel *Annales* ist von der Geschichtschreibung übernommen worden.

Wertvollere Aufzeichnungen enthielten die Amtsbücher *(commentarii, libri)* der Magistrate und Priesterkollegien und die Senatsakten; die waren aber nicht für die Öffentlichkeit bestimmt. Erst Caesar hat aus politischen Gründen die Veröffentlichung der Senatsakten verfügt; er selbst hat in seinen *Commentarii* den amtlichen Bericht zum literarischen Kunstwerk gemacht.

Aufzeichnungen solcher Art mochten Keime literarischer Entwicklung enthalten, sind aber noch nicht Literatur. Was ihnen dazu vor allem fehlt, ist das Publikum; das gilt von Familienarchiven ebenso wie von den Amtsbüchern der Priester und Magistrate. Der Schritt zur „Literatur" war vollzogen, als ein Einzelner mit seinem „Werk" vor die Öffentlichkeit trat. Diesen Schritt tat Appius Claudius Caecus. Der große Staatsmann (Zensor 312, Erbauer der Via Appia, Sprecher gegen den Frieden mit Pyrrhus 280) war auch darin ein Neuerer, daß er den Wert des geschriebenen Wortes im öffentlichen Leben erfaßte. Als Jurist hat er durch seinen Klienten, den Ädilen Cn. Flavius, die *Fasti* (den „Gerichtskalender") und die Formen der Rechtshandlungen *(legis actiones)* veröffentlichen lassen *(Ius Flauianum);* er selbst hat als erster über eine Rechtsfrage geschrieben, *De usurpationibus* (wahrscheinlich im Sinne der Unterbrechung eines „ersessenen" Rechtes, *usucapio,* zu verstehen, vgl. Paulus, Dig. 41, 3, 2). Vielleicht hat er auch seine berühmte Rede gegen den Pyrrhusfrieden, die noch dem Cicero bekannt war, selbst herausgegeben; jedenfalls beweisen Ciceros Worte (Brut. 61 f.) nicht, daß die Rede erst später aus dem Familienarchiv veröffentlicht wurde. Die Nachklänge dieser Rede bei Ennius und bei späteren (griechischen) Autoren lassen wirksam verwendetes Pathos erkennen.

Appius ging noch einen Schritt weiter. Während in Roms Vorzeit (vgl. Cato bei Gellius 11, 2) die Dichtkunst nicht in Ehren stand und wer sich ihr widmete als Müßiggänger galt, fand es Appius nicht unter seiner Würde, ein Gedicht zu verfassen (Cic. Tusc. 4, 4). Es waren Sentenzen praktischer Lebensweisheit (Fest. p. 317), also dem Inhalt nach gut römische Tradition. Sein Preis der Freundschaft (zitiert bei Prisc. 8, 18) hat eine gedankliche Parallele in dem Fragment eines griechischen Zeitgenossen, des Komikers Philemon. Das beweist noch nicht Abhängigkeit; Cicero fühlte sich eher an pythagoreische Spruchsammlungen erinnert. Berührung mit der Philosophie hat auch ein anderes Zitat, das wir in verschiedenem, doch nicht im originalen Wortlaut kennen: „Jeder ist seines Glückes Schmied" (vielleicht: *escit suás quisque / fáber fórtúnas)*. Beziehung zur griechischen Welt liegt jedenfalls vor.

Appius Claudius steht an der Schwelle der römischen Literatur; es ist bezeichnend, daß er offiziell die Schreibung *r* für intervokalisches *s* in Familiennamen einführte (*Valerii* für *Valesii* usw.) und damit auch unter einen Lautwandel des vorliterarischen Lateins den Schlußstrich setzte.

Zum Studium empfohlen: F. Bücheler, Umbrica, 1883. — G. Pasquali, Preistoria della poesia romana, 1936. — E. Norden, Aus altrömischen Priesterbüchern, 1939. — F. Altheim, Italien und Rom, 1941.

2. Die ältesten Dichter

Appius Claudius war seiner Zeit voraus. Erst ein Menschenalter nach seinem Tod hören wir wieder von einem Dichter in Rom, und der ist Grieche.

L. Livius Andronicus war, wenn man der antiken Überlieferung glauben darf, als Kriegsgefangener nach Rom gekommen; sein Herr, ein Livier, vielleicht der Vater des M. Livius Salinator, cos. 219, 207, betraute ihn mit der Erziehung seiner Söhne; als Freigelassener gründete er eine Schule für die Söhne der Vornehmen. Neben den griechischen Texten, die er nach dem Brauch der Grammatiker erklärte, „las" er auch (*praelegebat*, Suet. gramm. 1) eigenes lateinisches Schrifttum. Man denkt da wohl mit Recht an seine *Odusia*, Homers Odyssee in Saturniern, die erste umfangreiche Dichtung in lateinischer Sprache. Das Werk erhielt sich lange als Schulbuch, noch Horaz hat es bei Orbilius lernen müssen (epist. 2, 1, 69 ff.); später, als der Saturnier nicht mehr literaturfähig war, wurde es in Hexameter umgegossen und auch in Bücher geteilt. Wenngleich nur wenig originell (mehr Übersetzung als Nachdichtung, unter Verzicht auf manche Feinheit des Originals) und nicht frei von Übersetzungsfehlern, war die *Odusia* des Livius doch für die römische Literatur von größter Bedeutung, denn mit ihr war nach griechischem Vorbild eine lateinische Dichtersprache geschaffen worden.

Livius war auch der einzige, an den sich die Ädilen des Jahres 240 wenden konnten, als man beschlossen hatte, an den *Ludi Romani* (im September) zum ersten Mal eine griechische Tragödie und Komödie in lateinischer Bearbeitung aufzuführen. Als Dramatiker scheint Livius seine Vorbilder viel freier behandelt zu haben, nicht zuletzt darin, daß er öfters die Rezitation des Originals durch Gesangspartien ersetzte; anderseits hat er den griechischen Dialogvers und anscheinend auch schon manche lyrischen Versmaße übernommen, aber in einer Form, die dem Latein mit seinem stärkeren Akzent und seinem Reichtum an langen Silben Rechnung trug. Die Fragmente lassen gerade noch vermuten, daß sich die epische und die dramatische Sprache des Livius stilistisch unterschieden.

Im Jahre 207, in einem kritischen Augenblick des Hannibalischen Krieges, hat Livius in staatlichem Auftrag zur Abwendung bedrohlicher Vorzeichen ein Prozessionslied für einen Jungfrauenchor gedichtet (Liv. 27, 37); zum Dank für die gebannte Gefahr wurden die Dichter und Schauspieler *(scribae et histriones)* als versammlungsberechtigte Gilde, mit dem Sitz im Minervatempel auf dem Aventin, vom Staat anerkannt (Fest. p. 446). Da bei einem ähnlichen Anlaß im Jahre 200 ein sonst unbekannter P. Licinius Tegula das Kultlied dichtete (Liv. 31, 12, 10), ist Livius Andronicus wahrscheinlich zwischen 207 und 200 gestorben.

Seine Werke waren noch am Ende der Republik bekannt, aber man fand daran keinen Gefallen mehr. Cicero vergleicht die lateinische Odyssee mit den primitiven Skulpturen des Dädalus und sagt von den Dramen des Livius, sie verdienten nicht, daß man sie ein zweites Mal lese (Brut. 71); der Historiker Livius findet es nicht der

Mühe wert, das Prozessionslied von 207 im Wortlaut vorzulegen. Die Saat war aufgegangen, das Keimblatt eingeschrumpft.

Unsere Nachrichten über Livius Andronicus sind späten Datums und z. T. unsicher oder widerspruchsvoll. Accius (vgl. Cic. Brut. 72) hatte behauptet, Andronicus stamme aus Tarent und sei bei der Eroberung dieser Stadt, 209, gefangen worden; das Datum hat schon Cicero als falsch erkannt; doch bei der „ersten Eroberung von Tarent" im Jahre 272, auf die man die Nachricht hat beziehen wollen, handelte es sich um eine freiwillige Kapitulation, und die Bürger waren geschont worden. Damit ist dem scharfsinnigen Versuch von Cichorius (Röm. Stud. 1 ff.). die Nachrichten von *ludi Tarentini* und einem *carmen* bei der ersten Säkularfeier, 249, auf Livius Andronicus zu beziehen, z. T. der Boden entzogen.

Daß Andronicus Sklave eines Angehörigen der *gens Liuia* wurde, beweist der Gentilname, den er, römischem Brauch gemäß, bei der Freilassung annahm; der Auftrag eines Prozessionsliedes im Jahre 207, als einer der Konsuln ein Livius Salinator war, legt nahe, an ein Mitglied dieser Familie als Herrn und späteren Patron des Dichters zu denken.

Die Wahl des Saturniers für die Übersetzung der Odyssee war vermutlich ein Notbehelf; schon seine Kürze, verglichen mit dem Hexameter, war ein Nachteil. Für den Hexameter war die lateinische Sprache kaum noch genug entwickelt; auch Naevius hat sein Epos in Saturniern verfaßt. Die Annalen des Ennius, der den Hexameter in Rom einführte, geben noch eine Idee von den Schwierigkeiten, die zu überwinden waren, und deren auch dieser bedeutende Dichter nicht immer Herr wurde. Die dramatischen Sprechverse (Trimeter als Senar, trochäischer Septenar) ließen sich leichter nachbilden, vor allem in der freien Behandlung, die sich Livius und seine Nachfolger erlaubten.

Die Ludi Romani, an denen Livius im Jahre 240 zum ersten Male Bearbeitungen römischer Stücke aufführte (er ist auch selbst darin aufgetreten), waren seit 366 ein jährliches Fest. Ob szenische Aufführungen schon vor 240 dazu gehörten, bleibt ungewiß. Eine primitive „stage show", die varietéartig aus Gesang, Tanz und kurzen Szenen ohne verbindende Handlung bestand, könnte es sehr wohl gegeben haben; eine solche war vielleicht in der Quelle des Livius (7, 2; vgl. Val. Max. 2, 4, 4) in Ermangelung eines treffenderen Ausdrucks als *impletae modis saturae, saturarum modi* bezeichnet worden. Nach Valerius

Maximus gab die römische Jugend schon solche Darbietungen, bevor 364 etruskische Tänzer nach Rom kamen. Neu war dann im Jahre 240 die Aufführung einer Tragödie und einer Komödie mit einheitlicher Handlung nach griechischem Vorbild. Es ist kaum Zufall, daß diese Neuerung unmittelbar nach dem Ende des ersten Punischen Krieges erfolgte. Die in Sizilien stationierten römischen Soldaten hatten Gelegenheit gehabt, griechisches Theater kennen zu lernen, das schon seit der Zeit des Tyrannen Hieron von Syrakus in Sizilien gepflegt wurde. Es hatte dort sogar eine Nachblüte; Rhinthon, Verfasser von heiterernsten Stücken *(hilarotragodia)*, lebte bis 285. In der Wahl seiner Vorbilder zeigt Livius schon die Neigung des späteren römischen Theaters zur klassischen Tragödie der Athener (besonders Euripides) und zur „Neuen Komödie" der Alexander- und frühen Diadochenzeit.

Den literarischen Geschmack der ciceronischen und augusteischen Zeit ließ Livius unbefriedigt; erst die Archaisten des 2. Jahrhunderts n. Chr. haben ihn wieder geschätzt. Unsere Fragmente stammen größtenteils aus Verrius Flaccus, der antiquarische Interessen hatte, aus Gellius und Nonius, und aus dem späten Grammatiker Priscian.

Literatur: Sc. Mariotti, Livio Andronico e la tradizione artistica, 1952.

Fünf Jahre nach dem ersten Auftreten des Livius Andronicus, 235, wurden zum erstenmal Stücke eines Italikers, des Cn. Naevius, aufgeführt. Er war Soldat im ersten Punischen Krieg gewesen, kann also nicht selbst als Schauspieler aufgetreten sein. Geboren ist er wahrscheinlich in Capua. Während des zweiten Punischen Krieges scheint er sich für die Ermüdungsstrategie des Fabius Cunctator gegen die aggressive Kriegführung der Meteller und Scipionen ausgesprochen zu haben. Freimut politischer Kritik auf der Bühne, die er nach Art der „Alten" (aristophanischen) Komödie übte, brachte den streitbaren Mann mit der Behörde in Konflikt. *Fato* (ohne Verdienst) *Metelli Romae fiunt consules* hatte er in einer Komödie erklärt, als 206 Q. Caecilius Metellus Konsul wurde. Die Meteller antworteten mit einer öffentlich angeschlagenen Drohung: *malum dabunt Metelli Naeuio poetae.* Sie machten ihre Drohung auch wahr: auf ihre Veranlassung (auch einer der Prätoren des Jahres war ein Meteller) wurde Naevius verhaftet — wahrscheinlich unter Berufung auf die im Zwölftafelgesetz verbotenen *mala carmina.* Angeblich erhielt er seine Freiheit erst wieder, als er in zwei weiteren Komödien, *Ariolus* und *Leon,* revozierte. Sein Spott machte nicht einmal vor dem siegreichen Scipio Halt; nur er kann gemeint sein mit dem berühmten Mann, den einst in jungen Jahren der Vater von der Seite seines Liebchens holte. Die Nobilität setzte schließlich durch, daß Naevius verbannt wurde; er starb im afrikanischen Utica, frühestens 201.

Was wir über Naevius wissen, geht im wesentlichen auf Varros Schrift *De poetis* zurück. Die Kerkerhaft des Dichters, auf die auch Plautus, Mil. 210 ff., anspielt, darf als historisch gelten; daß er den *Ariolus* und *Leon* im Gefängnis schrieb (Gell. 3, 3, 15), ist sicher nur aus Komplimenten für die Nobilität in den beiden Stücken herausgesponnen. Das Todesjahr des Naevius steht nicht fest. Das Jahr 204, das Cicero (Brut. 60) als Todesdatum kennt, ist vermutlich das letzte nachweisbare Aufführungsjahr eines naevianischen Schauspiels zu Lebzeiten des Dichters gewesen. Varro wußte, daß Naevius dieses Jahr überlebte; danach setzt Hieronymus in seiner Chronik den Tod des Naevius auf 201 an. Sicher ist nur, daß Naevius in Utica starb, offenbar nach dem Friedensschluß mit Karthago.

Naevius war auch als Dichter eine starke Persönlichkeit. In der Komödie war er dem Plautus ebenbürtig; das lassen noch die spärlichen Fragmente ahnen. Die überlieferten Titel weisen auf Palliaten; die griechischen Vorbilder scheinen nicht nur der Neuen, sondern auch der Mittleren Komödie entnommen zu sein. Nur das Element politischer Satire war der späteren griechischen Komödie fremd.

Der *Acontizomenus* (etwa „Der Totschlag“) hatte einen Prolog, der nicht nur, wie die Prologe Menanders, in die Handlung einführte, sondern auch das Stück direkt ankündigte, wie später manchmal bei Plautus und immer bei Terenz. — Am besten kennen wir die Komödie *Tarentilla.* Da spüren zwei Väter ihren Söhnen nach, die ihr Erbe an ein leichtfertiges Mädchen in Tarent verschwenden. In einem Fragment, das anschaulich die koketten Künste der Tarentinerin beschreibt, erkennen wir bereits den Typ der Colombine. — Die Erwähnung von Gästen aus Praeneste und Lanuvium im *Ariolus* (Wahrsager) könnte auf ein italisches Milieu deuten; vielleicht war das, trotz einer griechischen Parallele zum Titel, eine Komödie im römischen Kostüm *(fabula togata)*; die Neuerung wäre dem Schöpfer der nationalen *fabula praetexta* wohl zuzutrauen. Wie dem immer sein mag, die Fragmente zeigen durchaus den charakteristisch römischen Sinn für das Realistische und Komische, die Neigung zum Lokalkolorit, das Erfassen der Person in ihren sozialen Bindungen.

Es wurde schon angedeutet, daß Naevius — soweit wir wissen — das nationale römische Drama, die *fabula praetexta*, geschaffen hat; sie heißt nach dem Kostüm der Helden, dem Amtskleid *(toga praetexta)* der römischen Magistrate, und nimmt ihre Stoffe aus der römischen Sage und Geschichte — einschließlich der Gegenwart des Dichters. Die eine der beiden uns bekannten Prätexten des Naevius, *Clastidium*, war ein patriotisches Festspiel, das den Sieg des M. Claudius Marcellus über den Galaterhäuptling Virdumarus (222) feierte; vielleicht wurde es bei der Leichenfeier für Marcellus, 208, aufgeführt. Das andere Stück dieser Gattung, *Lupus*, war eine Dramatisierung der Romuluslegende. Die geringen Reste dieser wie aller älteren Prätexten (erhalten ist nur die dem Seneca zugeschriebene *Octavia*) erlauben kein Urteil über Kunstform und Stil.

In der Tragödie nach griechischer Art, für die Naevius anscheinend weniger Neigung hatte, läßt sich, wie schon bei Livius Andronicus, ein Interesse an Stoffen der Trojasage erkennen *(Equos Troianus, Hector proficiscens)*; die Römer hatten bereits gelernt, sich im Sinne hellenistischer Geschichtskonstruktion als Nachkommen der Troer zu betrachten.

Davon zeugt auch das Alterswerk des Naevius (Cic. Cato 50), sein Epos *Bellum Poenicum*. Es erzählt als Verschronik, in meist schmuckloser, doch nicht unwirksamer Sprache, die Geschichte des ersten Punischen Krieges, in dem Naevius mitgekämpft hatte. Natürlich wird er historische Quellen benutzt haben wie das Werk des karthagerfreundlichen Philinos von Agrigent, vielleicht auch die griechischen Annalen des Q. Fabius Pictor; die persönlichen Eindrücke des Soldaten gaben dem Ganzen Leben und

Farbe. Zeitgeschichte im Stil des Heldenepos war etwas völlig Neues, hat aber in der römischen Literatur eine bis ans Ende der Antike dauernde Tradition begründet. Roms erster Krieg mit einer Weltmacht konnte gewiß heroisch erlebt werden. In diesem Gedicht hat Naevius aber auch die Gründung Roms und die Sage von Aeneas und Dido erzählt, als „mythischen" Ursprung der Feindschaft zwischen Rom und Karthago; darin ist Vergil nach dem Zeugnis seiner Erklärer (Servius, Macrobius) dem alten Dichter gefolgt. Wie Livius schrieb auch Naevius sein Epos in Saturniern; und wenn er zu Beginn „die neun einträchtigen Schwestern, Jupiters Töchter" anruft, so sind wohl auch hier die Camenen gemeint.

Im einzelnen bleibt manches problematisch, vor allem für die mythische „Vorgeschichte" des Krieges. Interpretation der Fragmente verbunden mit Rückschlüssen aus Vergil macht es sehr wahrscheinlich, daß schon bei Naevius wie im ersten Buch der Aeneis Sturm, Trostrede des Aeneas und Gespräch zwischen Venus und Iuppiter aufeinander folgten; auch Anna und Dido kamen vor. Umstritten ist die Einordnung des Fragmentes 2, 13 Morel: *blande et docte percontat / Aenea quo pacto / Troiam urbem liquerit*. Nonius zitiert es aus dem zweiten Buch; da aber die Landung des Aeneas in Latium noch in das erste Buch fiel, wäre das Fragment in diesem Fall nicht auf Dido zu beziehen, sondern auf den Latinerkönig. Freilich kann sich Nonius in der Angabe des Buches (die Bucheinteilung stammt von dem Grammatiker C. Octavius Lampadio aus dem 2. Jahrhundert) geirrt haben. — L. Strzelecki (1935) und ihm folgend E. Marmorale lassen das Gedicht mit der unmittelbaren Veranlassung des Krieges beginnen und die alten Sagen anläßlich der Eroberung von Agrigent nachgetragen werden; im Zeustempel von Agrigent war nämlich der Fall Trojas dargestellt. Diese Annahme löst manche Schwierigkeiten, schafft aber auch neue; es wird hier wie in der Zuweisung der „schmeichelnden Frage" beim *non liquet* bleiben.

Das *Bellum Poenicum* erhielt sich lange lebendig; Cicero vergleicht es der archaischen Bildhauerkunst des Myron und noch Horaz bezeugt, daß es gelesen wurde. Ein Epigramm auf Naevius aus dem späten 2. Jahrhundert v. Chr. (bei Gell. 1, 24, 2) sagt übertreibend *(plenum superbiae Campanae*, bemerkt Gellius, der es für ein Werk des Naevius hält), daß mit dem Tod des Dichters die lateinische Sprache in Rom verstummte.

Literatur: E. Fraenkel, Cn. Naevius, RE, Suppl. VI (1935), 622 ff. — E. V. Marmorale, Naevius poeta, [2]1950. — Sc. Mariotti, Il Bellum Poenicum e l'arte di Nevio, 1955. — M. Barchiesi, Nevio epico, 1962.

Allgemeines zum römischen Theater und Drama

In Naevius hatte das römische Theater seinen ersten bedeutenden Dichter gefunden. Die Tragödie und Komödie griechischen Stils hat er von seinem Vorgänger übernommen und weitergebildet; die *fabula praetexta* darf als seine Schöpfung gelten; und wenn sich die *fabula togata* schon nicht mit Sicherheit auf ihn zurückführen läßt, so haben ihr doch manche seiner Palliaten den Weg geebnet. Tragödie und Praetexta, Palliata und Togata bilden das „literarische" Theater in der klassischen Zeit der römischen Republik; die mehr improvisierenden dramatischen Formen, Atellane und Mimus, werden erst in der nächsten Periode literarisch, die Atellane zur Zeit Sullas, der Mimus unter Caesar.

Das altrömische Drama ist uns recht ungleichmäßig erhalten. Die Palliata kennen wir unmittelbar aus den Komödien des Plautus und Terenz, von der Tragödie des Ennius und seiner Nachfolger sind uns nicht wenige Stücke aus den Fragmenten in ihrer Eigenart kenntlich; aber die Überreste der Togata reichen bestenfalls zu einer Vorstellung von ihrem Motivbestand und Sprachstil aus, und im Fall der Praetexta sind wir nicht einmal dazu imstande. Praetexta und Togata waren jedenfalls von Anfang an als römische Gegenstücke zur griechischen Tragödie und Komödie gedacht; die Wirkung der Palliata auf die Togata ist uns noch deutlich, ebenso wie später die Togata ihrerseits die literarische Atellane beeinflußt.

Für Tragödie und Palliata stellen sich zwei Fragen: die Frage nach der Wahl der griechischen Originale und die Frage nach Art und Grad ihrer Umbildung. Beide zielen auf das Römische in der Aneignung des Fremden.

Die Tragödie lehnt sich besonders an Euripides an, den „tragischesten" Dichter, wie ihn Aristoteles nannte; sein rhetorisches Pathos, vielleicht auch sein Rationalismus, machten in Rom Eindruck. An zweiter Stelle kommt Aischylos und dann die nachklassische Tragödie. Sophokles als Vorbild ist seltener nachweisbar, er war zu „attisch". Der Chor der klassischen griechischen Tragödie wurde mit den Stücken übernommen, wird aber auf der römischen Bühne zu einer Art Komparserie mit einem Sprecher geworden sein; zur Entfaltung eines die Chorlieder begleitenden Bewegungstanzes bot das römische Theater nicht Raum. Bei Seneca gleicht der Chor ganz seinem griechischen Vorbild, aber da handelt es sich um literarische Produkte ohne Beziehung zum Theater. Die alte Tragödie der Römer war reich an Gesangszenen für die Schauspieler, teils Monodien, teils auf mehrere Personen verteilt. Vor allem waren Soloszenen in lyrischen Versmaßen ohne strophische Gliederung beliebt, wie sie gelegentlich beim späten Euripides vorkommen; darin ist vielleicht die nach-euripideische Tragödie noch weiter gegangen. Den musikalischen Reichtum der griechischen Chorlyrik haben die römischen Tragiker beschränkt; ihre lyrischen Szenen sind metrisch einheitlicher, aber auch eintöniger. Dafür haben sie den gesungenen oder zur Flöte rezitativisch vorgetragenen Partien *(cantica)* im Verhältnis zu dem gesprochenen Dialog *(diuerbium)* einen größeren Raum gegeben; das läßt sich noch an Parallelen zeigen. Unter den lyrischen Versen bevorzugen sie sichtlich jene, die dem längenreichen Latein entgegenkommen, daher die gehäuften bakchischen und kretischen Tetrameter (⏑ – – und – ⏑ – in Vierergruppen). Ein bakchischer Tetrameter steht schon unter den wenigen Tragödienfragmenten des Livius Andronicus (Danae fr. 5). Das römische Publikum, dem die Stoffe der attischen Tragödie ferne lagen, verlangte offenbar neben glänzender Ausstattung (vgl. Hor. epist. 2, 1, 187 ff.) auch mehr Musik; dieses musikalische Element zusammen mit dem Pathos der Sprache gibt der römischen Tragödie einen merkwürdig barocken Charakter.

Ganz anders verhalten sich Vorbild und Nachbild bei der Komödie. Die altattische Komödie des Aristophanes und seiner Vorgänger, mit ihrer Mischung von Phantastik und lokalgebundener Polemik, ließ sich nicht verpflanzen; sie hat selbst in ihrer Heimat den Peloponnesischen Krieg nicht überdauert. Die Vorbilder der Palliata gehören fast alle der „Neuen" Komödie an, deren Meister Menander, Philemon und Diphilos waren; das bezeugen ausdrücklich Prologe und Didaskalien der erhaltenen Stücke. Leider ist unser Bild von der Neuen Komödie unvollständig, vielleicht auch einseitig. Fragmente sind zahlreich, denn der Sentenzenreichtum dieser bürgerlichen Komödie hat zum Zitieren gereizt; aber eben darum sind die Zitate meist Sentenzen, also für das Werk als Ganzes wenig bezeichnend. Am besten kennen wir Menander († 291). Von fünf seiner Komödien, vor allem von dem berühmten „Schiedsgericht", sind seit 1905 durch einen Papyrusfund große Teile bekannt; nun gibt uns der Bodmer-Papyrus auch ein vollständiges Stück, den Dyskolos („Der Mürrische"). Diese „Neue" Komödie spiegelt die sordinierte und etwas sentimentale bürgerliche Welt des Hellenismus wider, mit ihrer Beschränkung auf das Privatleben, ihrer konventionellen Moral, ihrer scharfen Distanzierung von der Halbwelt; eine Welt, regiert vom Zufall, der mit den Menschen spielt, ohne es doch allzu böse zu meinen; reißt er die Glieder einer Familie oft auseinander (wozu die Diadochenkriege und das seit dem Sturz der attischen Seemacht neuaufblühende Piratentum reichlich Anlaß boten), so führt er sie ebenso unerwartet durch eine Verkettung merkwürdiger Umstände (wobei Erkennungszeichen eine wichtige Rolle spielen) wieder zusammen. Am Ende geht alles gut aus: die Hetäre, in die sich der Bürgerssohn verliebt hat, wird als ein verloren geglaubtes Mädchen aus gutem Hause erkannt und der unbotmäßige Sklave entpuppt sich als der entführte Sohn seines Herrn.

Diese kleine Welt schafft Charaktertypen; die Komödie nimmt sie auf und bildet sie durch: den strengen oder nachgiebigen Vater, den Sohn, der über die Stränge schlägt (aber in zwanzig Jahren mit seinem Sohn die gleichen Sorgen haben wird), das verführte Mädchen und seine bekümmerte Mutter, den prahlerischen Soldaten, den Geizhals, den Parasiten, den Kuppler, den listigen Sklaven, die Schwiegermutter, die edle Hetäre. Sie sind aus der Komödie nicht wieder verschwunden und zum Teil auch vom sentimentalen Drama übernommen worden. Gewiß können diese Typen unter der Hand des Dichters lebendige Menschen werden; aber wir bewegen uns doch immer im selben Kreis. Auch das Bestreben, den Zuschauer durch eine komplizierte, kunstvoll aufgebaute Handlung zu fesseln, hat seine Grenzen angesichts der stereotypen Motive wie Verwechslung zweier Personen, Rollentausch, Wiedererkennung vermißter oder totgeglaubter Verwandter, und jener Situationskomik, die darin besteht, daß dem einen Gesprächspartner wesentliche Elemente der Situation unbekannt sind. Das künstlerisch Fruchtbarste daran ist die komische Ironie, zu der sie so gute Gelegenheit bieten. Dieses Bild ist freilich im wesentlichen aus Menander und seinen römischen Nachahmern, besonders Terenz, gewonnen; es muß nicht unbedingt auf die Neue Komödie als Ganzes zutreffen. Der wiedergefundene

„Dyskolos“ mit seiner drastischeren Komik zeigt selbst Menander von einer neuen Seite.

Die bürgerliche Charakterkomödie war nicht ortsgebunden; dennoch konnte auch sie in Rom nicht ohne weiteres übernommen werden. Zwar hat man sie nicht „romanisiert“; Name und Kostüm kennzeichnet ihre Charaktere als Griechen und die Handlung spielt immer in einer griechischen Stadt, meistens in Athen. Auch die Anspielungen auf römische Ereignisse und Einrichtungen, so vertraut aus Plautus, wollen vielleicht nicht so sehr Lokalkolorit schaffen als bewußt die dramatische Illusion aufheben, was ein naives Publikum zu allen Zeiten geliebt hat. Das Spiel mit der Illusion ist freilich, soweit wir sehen, eine Abkehr vom Geist der Neuen Komödie. Terenz, der sich besonders eng an sein Vorbild Menander hält, vermeidet solche Dinge, aber er macht auch kein Hehl daraus, daß es ihm nur auf den Beifall einer Elite von Philhellenen ankommt. Die späteren Palliatendichter sind auf diesem Weg noch weiter gegangen; manche Fragmente des Turpilius († 103) lesen sich wie Übersetzungen. Das hat die Palliata schließlich dem Volk entfremdet und ihr als lebendiger Kunstform ein Ende gemacht. Doch zur Zeit ihrer Blüte stand sie der griechischen Komödie eher noch selbständiger gegenüber als die römische Tragödie der griechischen.

Zerstörung der Illusion durch aktuelle Anspielungen, durch direkte Anrede des Publikums, durch Hinweise auf den bloßen Spielcharakter der Handlung usw. war nicht die einzige Freiheit, die sich der römische Dichter nahm. Er opfert (wieder von Terenz abgesehen) die strenge Handlungsführung der Situationskomik, er kürzt, erweitert, wiederholt sich, ergeht sich in Tiraden, wenn nur dadurch mehr Leben auf die Bühne kommt und das Publikum mehr Anlaß zum Lachen hat. Schon Naevius hat „kontaminiert“ (Ter. Andr. prol. 17). Man hat das meist so verstanden, daß der Dichter in sein Stück eine Szene aus einem anderen griechischen Stück eingelegt hat. Das war an sich bei dem Charakter der Neuen Komödie oft ohne ernsten Schaden für den Gang der Handlung möglich; aber bezeugt ist es nur selten. So hat z. B. Terenz, wie er selbst sagt und Donat bestätigt, in die „Andria“ des Menander Elemente aus Menanders „Perinthia“ aufgenommen, die eine ähnliche Handlung hatte. Das hat ihm sein Rivale Luscius Lanuvinus vorgeworfen: *contaminari* („verschandeln“) *non decere fabulas* (prol. 16). Terenz beruft sich dafür auf die Praxis älterer Dichter, des Naevius, Plautus, Ennius; nachweisen, auch nur wahrscheinlich machen läßt sich das selten, z. B. im plautinischen Rudens. Kleinere Unstimmigkeiten und Widersprüche, mit denen die dramaturgische Analyse gerne arbeitet, beweisen wenig, zumal für die römische Komödie mit ihrer lockeren Komposition. Auch die Doppelhandlungen mancher Stücke (z. B. in den *Bacchides* des Plautus und in fünf von den sechs Komödien des Terenz) brauchen nicht „Kontamination“ zu beweisen. Terenz mag dafür eine Vorliebe gehabt und unter den griechischen Komödien danach ausgeschaut haben; nur in der *Andria* hat er nach eigener Aussage die Nebenhandlung aus anderer Quelle eingebaut, im *Eunuchus* eine Gestalt, in den *Adelphoe* eine Szene von anderswo übernommen.

Wie die römische Tragödie, so hat auch die Komödie keinen eigentlichen Chor. Schon die Neue Komödie der Griechen kannte den Chor nur mehr als Zwischenakt; er gehört nicht zum Stück, er war eine Einlage, mit der der Dichter nichts zu tun hatte. Wo ein Chor auftritt, wie die Fischer im „Rudens“, ist er von derselben Art wie der „Chor“ der Tragödie (z. B. der Kriegerchor in der Iphigenie des Ennius, statt des Jungfrauenchors bei Euripides) — ein Situationselement wie in der klassisch-romantischen Oper.

Mit der Tragödie hat die Palliata auch die Scheidung von *Diuerbium* und *Cantica* gemeinsam. Bei Plautus, vor allem in den späten Stücken, nehmen die Cantica einen breiten Raum ein. Es sind meistens Soloszenen, „Arien“. Wieder ist Terenz zurückhaltender; er hat viel weniger *Cantica* als Plautus und nichts von dessen metrischem Reichtum.

Der Ursprung der *Cantica* in der Komödie des Plautus (und vielleicht schon seiner Vorgänger) ist problematisch. Wir kennen Gesangszenen aus den späten Tragödien des Euripides; wir besitzen das Papyrusfragment eines hellenistischen „Vaudeville“ in Dochmien (die Klage eines verlassenen Mädchens); wir haben lyrische Fragmente der Neuen Komödie, vor allem von dem jüngsten ihrer Meister, dem Diphilos. Das Verhältnis dieser Gebilde zueinander und zu den Plautinischen *Cantica* ist verschieden beurteilt worden. Friedrich Leo sah in „Des Mädchens Klage“ das Bindeglied zwischen dem späten Euripides und Plautus. Aber weder der Charakter dieser auf sich gestellten „Solonummer“ noch die (der besonderen Stimmung entsprechenden) eintönigen Dochmien passen zu dem Ausgangs- und Endpunkt der angenommenen Entwicklung. Eduard Fraenkel ging von der römischen Tragödie aus, deren *Cantica* sich als Weiterbildung griechischer Elemente verstehen lassen. Die älteren römischen Dramatiker, die Tragödie und Komödie nebeneinander pflegten, hätten nach ihm ein Element der Tragödie auf die Komödie übertragen. Die Vermutung hat viel für sich, ist aber bei dem fast völligen Mangel lyrischer Fragmente des römischen Dramas vor Plautus und Ennius unbeweisbar; auch hat der Neuen Komödie das Gesangselement nicht ganz gefehlt. Tragödie und Komödie mögen einander im Lauf des vierten Jahrhunderts näher gekommen sein, auch wenn wir diesen Prozeß nicht verfolgen können. Freilich scheint weder die nachklassische Tragödie noch die Mittlere Komödie bei den Römern stark nachgewirkt zu haben. Vielleicht hat der geniale Plautus, der in diesen *Cantica* schwelgt, aus bescheidenen Ansätzen etwas entwickelt, das ihm und seinem Publikum besondere Freude machte.

Neben dem Drama griechischer Herkunft gab es Theater, das seine Wurzeln im Volksbrauch hatte und, zunächst wenigstens, von fremden Einflüssen frei war. Die Atellane ist schon erwähnt worden. Ihre Akteure waren Bürger und verfielen darum nicht dem Stigma des Schauspielerstandes (Liv. 7, 2, 12). Es war eine Farce mit vulgärem Einschlag, in der das Foppen und Prellen und obszöne Zweideutigkeiten eine große Rolle spielten. Die erhaltenen Titel der späteren literarischen Atellanen betonen das Provinzielle und Ländliche; auch Mythenparodie kommt vor, z. B. „Herkules als Steuereinnehmer" *(Hercules Coactor)*. Beides wird auch für die ältere Zeit gelten. Die Stücke waren kurz (sie wurden später, wie auch die Mimen, als Nachspiele zur Tragödie, *exodia*, gegeben) und ließen der Improvisation einen weiten Spielraum. Die Schauspieler trugen Masken und pflegten lebhaft zu gestikulieren. Die Atellane hatte feststehende Figuren *(personae Oscae)*, die an die „Masken" der Commedia dell'Arte erinnern: Maccus (der Clown), Bucco (der das Maul aufsperrt: „Schwätzer, Blödling"), Pappus (der „Alte", der gewöhnlich düpiert wird) und Dossennus (wahrscheinlich der „Bucklige", von einer Dialektform *dossum* für *dorsum*). Letzterer wird, nach verbreitetem Volksglauben zu schließen, der Intrigant gewesen sein; Horaz (epist. 2, 1, 173) kennt ihn als Fresser. Eine fünfte Figur, Manducus (auch dieser Name würde „Fresser" bedeuten), ist unsicher; ich möchte doch an der vielzitierten Varrostelle (ling. 7, 95), wo angeblich Manducus und Dossennus einander gleichgesetzt werden, ersteres Wort als Adjektiv verstehen (*manducus* von *mandere* wie *caducus* von *cadere*) — immer vorausgesetzt, daß die Konjektur *Dossenus* das Rechte trifft.

Von ganz anderer Art war der Mimus. Die realistische Nachahmung von Szenen des täglichen Lebens ist auf der ganzen Welt daheim. In Rom gehörten Mimen zum Floralienfest am 28. April, das 238 eingesetzt, seit 173 jährlich war. Das Wort Mimus ist griechisch; die Griechen, daheim wie in Italien, kannten den Mimus, auch als literarische Form, seit alter Zeit. Aber soweit wir sehen, haben die literarischen Mimen eines Sophron (5. Jahrhundert) oder Herondas (3. Jahrhundert) keinen Einfluß auf die römischen Mimen gehabt. Vielleicht waren die Schauspielertruppen nach Art der griechischen organisiert. Die Schauspieler trugen weder Masken noch Bühnenschuhe (Kothurn, Soccus) und hießen darum *planipedes;* weibliche Rollen wurden im Gegensatz zum übrigen Drama von Frauen gespielt, der weibliche „Star" *(archimima)* steht neben dem männlichen *(archimimus).* Die *mimae,* die stark geschminkt und wenig bekleidet auftraten, galten als unanständig. Die Stücken mögen ähnlich den Atellanen gewesen sein, jedenfalls seit der Mimus zur Literatur gehörte; auch Mythentravestie ist bezeugt (Tertullian, apol. 15, 1). Auch der Mimus hatte „stehende" Figuren, den *sannio* (Grimassenschneider) und den Dümmling *(stupidus)* mit geschorenem Kopfhaar.

Einzelheiten über das Theater gehören nicht in die Literaturgeschichte; hier soll nur einiges erwähnt werden, das zum Verständnis der literarischen Produktion beiträgt. Die Schauspieler, meist Ausländer und Freigelassene, bildeten regelrechte Truppen *(greges)* unter einem Direktor *(dominus),* der auch gewöhnlich die Hauptrolle spielte und Regisseur war. Wir kennen noch die Namen des T. Publilius Pellio, der zwei Stücke des Plautus aufführte, und des L. Ambivius Turpio, des Regisseurs des Caecilius Statius und Terenz. Die Schauspieler waren kostümiert; Kostüme und Bühnenrequisiten waren in der Hut eines Garderobemeisters *(choragus).* Ob schon zur Blütezeit des römischen Dramas Masken getragen wurden, wie sie die illuminierten Handschriften des Terenz zeigen, ist fraglich (Hauptstelle: die Notiz über die *Personata,* die „Maskenkomödie", des Naevius bei Fest. p. 238 L.). Wie viele Mitglieder eine Truppe durchschnittlich hatte, ist unbekannt. Jedenfalls deutet nichts darauf hin, daß jedes Stück mit dem Minimum an Schauspielern aufgeführt wurde wie im Athen des fünften Jahrhunderts. Selbst unter Ausnützung aller Möglichkeiten für Doppelrollen kommen nur ganz wenige der erhaltenen Stücke mit drei bis vier Schauspielern aus, wie es für das attische Theater die Regel war.

Gespielt wurde, von besonderen Anlässen (Triumphe, Leichenbegängnisse berühmter Männer) abgesehen, an den staatlichen Festen: den Ludi Megalenses zu Ehren der Magna Mater im April (seit 204 v. Chr., szenische Aufführungen seit 194), den Ludi Apollinares im Juli (seit 212), den Ludi Romani im September und den Ludi Plebei im November, beide zu Ehren Iuppiters. Da das Drama einen Bestandteil der religiösen Feier bildete, waren die Beamten, die die Spiele zu leiten hatten, auch dafür verantwortlich. Sie mieteten jeweils eine Schauspielertruppe, deren *dominus* die Stücke (jedes wurde in der Regel nur einmal aufgeführt) von den Dichtern erwarb. Auch das Theater, Bühne wie Zuschauerraum ein roher Holzbau, wurde von Fall zu Fall errichtet und wieder abgerissen. Als man im Jahre 154 ein Steintheater zu bauen begann, verbot der Konsul P. Scipio Nasica den schon begonnenen Bau und bestimmte den Senat zu einem Beschluß, wonach in Hinkunft nicht einmal Sitze errichtet werden sollten; dieses Verbot blieb nur sieben Jahre in Geltung, aber erst Pompeius hat Rom ein dauerndes Theatergebäude gegeben. Die Zahl der Spieltage schwankte in der republikanischen Zeit zwischen elf und achtzehn im Jahr; zur Zeit des Augustus war sie auf 43 angewachsen. Tatsächlich wurde viel öfter gespielt, seit man einen Weg gefunden hatte, erfolgreiche Stücke zu wiederholen. Die Förmlichkeit der römischen Religion verlangte, daß eine Zeremonie, bei der ein Formfehler unterlaufen war, ganz oder teilweise wiederholt werde. Dieses Prinzip *(instauratio)* ließ sich auch auf ein mehrere Tage dauerndes Fest ausdehnen; es brauchte nur eine Irregularität entdeckt oder geschaffen zu werden. So hören wir, daß sowohl 205 wie 197 die Ludi Plebei siebenmal gefeiert werden mußten, und es erregt unseren Verdacht, daß eines der Stücke von 205 der höchst erfolgreiche „Bramarbas" *(Miles gloriosus)* des Plautus war.

Die Bühne war weit, aber nicht tief; sie stellte gewöhnlich eine Straße dar, mit mehreren Häusern, die Ein- und Ausgänge ermöglichten. Die seitlichen Zugänge wurden nach einer nicht ganz klaren Konvention auf Stadtinneres (Forum) und Land oder Küste bezogen; Ausnahmen, wie im Rudens des Plautus, werden als solche dem Publikum durch den Prolog angekündigt. Im Vordergrund der Bühne stand ein Altar, zu dem sich eine bedrängte Person flüchten konnte. Die Handlung spielt sich im Freien ab, selbst ein Festgelage wird auf die Straße verlegt — für den Südländer eine durchaus plausible Konvention. Einen Vorhang gab es in der älteren Zeit nicht; die Handlung ging ohne Unterbrechung vor sich, die Akteinteilung unserer Stücke gehört einer späteren Zeit an. Die Bühnenkonventionen waren die des griechischen Theaters, einschließlich der dramatischen Zeitillusion; hier wie in allen Dingen ist Terenz weniger naiv, mehr auf realistische Wahrscheinlichkeit bedacht als seine Vorgänger.

Die Gesangs- und Rezitativpartien wurden auf der Flöte *(tibia)* begleitet; manchmal (vgl. Plaut. Pseud. 573) blies der *tibicen* auch ein Zwischenspiel. Es gab verschiedene Arten von Flöten, die nach ihrem Klang so gewählt wurden, daß sie zu dem besonderen Charakter des Dramas paßten. Die Musik wurde für jedes Stück eigens komponiert; aus den Didaskalien kennen wir die Namen des Marcipor Oppi, der die Musik zu Plautus' *Stichus* schrieb, und des Flaccus Claudi, der die Musik für den *Phormio* des Terenz komponierte. Beide waren, wie die Namen zeigen, Unfreie.

Die römische Palliata, die durch Plautus und Terenz auf die Nachwelt kam, hat das europäische Lustspiel begründet: Shakespeare und Ben Johnson, Holberg, Molière und Goldoni wachsen aus dieser Tradition heraus. Ihre Typen und ihre Technik sind auch heute noch nicht ausgestorben: Oscar Wilde hat in seiner „Kofferkomödie" (The Importance of Being Earnest) eine plautinische Verwicklung modern stilisiert und T. S. Eliots „The Confidential Clerk" stammt in direkter Linie von der Komödie des Terenz ab.

Zum Studium empfohlen: W. Beare, The Roman Stage. A short history of Roman drama in the Republic, 1950. — E. Paratore, Storia del teatro latino, 1957. — T. B. L. Webster, Studies in Later Greek Comedy, 1950. — F. Wehrli, Motivstudien zur griechischen Komödie, 1936. — W.-H. Friedrich, Euripides und Diphilos, 1953. — G. E. Duckworth, The Nature of Roman Comedy, 1952. — E. Fraenkel, Plautinisches im Plautus, 1922; dazu J. J. Tierney, Some Attic Elements in Plautus, Proceedings of the Royal Irish Academy 50 C (1945), 21 ff. — G. Jachmann, Plautinisches und Attisches, 1931.

Q. Ennius wird hier dem etwas älteren Plautus vorangestellt, weil er der letzte universale Dichter der älteren Zeit ist. Sein Werk, wie das des Naevius, umspannt Epos, Tragödie und Komödie; außerdem hat er Lehrgedicht, Enkomion und Satura in die römische Literatur eingeführt. Sein Neffe Pacuvius und L. Accius haben sich im wesentlichen auf die Tragödie beschränkt; letzterer war daneben Gelehrter (s. S. 17). Plautus und seine Nachfolger sind ausschließlich Komödiendichter, Lucilius ein Dichter der Satura. Beschränkung auf ein einziges Genos wird zur Regel.

Ennius wurde 239 geboren. Er stammte aus Rudiae in Calabrien, wo sich griechische und oskische Einflüsse mit römischen kreuzten. Von früher Jugend auf hat er gewiß neben seiner Muttersprache, dem wenig bekannten Messapischen, jene drei Sprachen gesprochen; so konnte er später von sich sagen, er habe drei Leben (*tria corda:* Gell. 17, 17, 1). Ennius' frühe Mannesjahre fielen in den zweiten Punischen Krieg; er diente bei den römischen Hilfstruppen in Sardinien. Dort hat ihn wohl Cato als Quästor auf der Rückkehr von Afrika (204) kennengelernt; beeindruckt von des Ennius' Persönlichkeit und Begabung, brachte er ihn nach Rom. Hier entfaltete Ennius eine rege Tätigkeit: Neben dem Unterricht im Griechischen bearbeitete er mit Erfolg griechische Stücke für die Bühne. Er lebte in bescheidenen Verhältnissen auf dem Aventin; vielleicht suchte der Zugewanderte engeren Anschluß an die Gilde der „Schreiber" und Schauspieler, die dort ihren Sitz hatte. Bald fand er Zugang zu den griechenfreundlichen Kreisen der höheren Gesellschaft; zu seinen Freunden und Gönnern zählten Männer wie Scipio Africanus, Scipio Nasica (vgl. die Anekdote bei Cicero, De orat. 2, 276) und M. Fulvius Nobilior. Letzterer nahm Ennius mit sich auf seinen ätolischen Feldzug (189), in der berechtigten Erwartung, in ihm einen Verkünder seines Ruhmes zu finden. Wenn das große Fragment des siebenten Annalenbuches (Gell. 12, 4, 4), wie schon L. Aelius Stilo annahm, das Verhältnis des Ennius zu Fulvius widerspiegelt, dann verband die beiden Männer jene zurückhaltende Intimität, die, als seltene Frucht reifer Menschlichkeit, die Kluft zwischen Ständen und Lebenskreisen überbrückt. Als im Jahre 184 Quintus, der Sohn des M. Fulvius, eine Kolonie gründete, verlieh er dem Ennius das römische Bürgerrecht durch Zuweisung eines Ackerloses; der Stolz des Dichters über diese Anerkennung seines Schaffens spricht aus dem Vers (377 Vahlen): *nos sumus Romani qui fuimus ante Rudini.* Ennius war offenbar nicht genötigt, mit den Siedlern auszuziehen. Er starb in Rom 169, kurz nachdem er an den Apollinarischen Spielen seine Tragödie *Thyestes* aufgeführt hatte.

Als Todeskrankheit nennt Hieronymus in seiner Chronik die Gicht; ob Neigung zum Trunk die Ursache war (so im 3. Jahrhundert n. Chr. Serenus Sammonicus, Lib. medic. 713), bleibe dahingestellt. Ausgangspunkt ist wahrscheinlich ein Vers der *Saturae* des Ennius (64 V.): *nunquam poetor nisi si podager* „ich dichte nur, wenn ich das Reißen habe", was schon Horaz (epist. 1, 19, 7) darauf bezog, daß Ennius Inspiration im Wein suchte.

Der literarische Nachlaß des Ennius bestand aus 18 Büchern *Annales*, mindestens zwanzig Tragödien, zwei Prätexten, zwei Palliaten, vier Büchern *Saturae* und einer Anzahl kleinerer Gedichte: *Scipio, Sota, Epicharmus, Praecepta* oder *Protrepticus* (?), ein parodistisches Lehrgedicht *Hedupagetica* („Delikatessen") und Epigramme; dazu kommt die Prosaschrift *Euhemerus*. Die zeitliche Abfolge dieser Werke ist ganz ungewiß. Fest steht nur, daß der *Thyestes* in das Todesjahr des Dichters fällt; auch die *Annales* dürften ein Werk seines Alters sein.

Wenn das einzige Fragment der *Hedupagetica* (V. 3) Lokalkenntnis des ätolischen Ambracia voraussetzt (O. Skutsch, Class. Quarterly 42, 1948, 99), dann kann dieses Werk nicht vor 189 entstanden sein. Doch ergibt sich aus den „ungelenken" Hexametern des Fragmentes nicht notwendig ein *terminus post quem* für die Annalen (so Timpanaro, vgl. Anz. f. d. Altertumswiss., 1952, 198). Das Hedupagetica-Fragment, ein Katalog von feinen Fischen mit ihren berühmtesten Fundorten, braucht nicht für das ganze Gedicht bezeichnend zu sein; auch in den Annalen schreibt Ennius oft holprige Verse, wenn Personen- oder Ortsnamen unterzubringen sind. Kunstloserer Versbau wäre auch dem Charakter und Stil dieses „Lehrgedichtes" angemessen. Doch ist späte Abfassung der *Annales* aus anderen Gründen wahrscheinlich, s. u., S. 51.

Als Dramatiker bevorzugte Ennius die Tragödie; unter den Palliatendichtern nennt ihn Volcacius Sedigitus an letzter Stelle und nur *causa antiquitatis*. Die meisten seiner Tragödien sind dem Euripides nachgebildet; mit seiner Vorliebe für trojanische Stoffe steht er ganz in der römischen Tradition. Zu drei ennianischen Tragödien *(Hecuba, Iphigenia, Medea Exsul)* besitzen wir das euripideische Vorbild, ebenso für seine „Eumeniden" die Tragödie des

Aischylos; und da die lateinischen Fragmente nicht allzu kärglich sind, können wir Ennius ein wenig am Werk sehen. Oft schließt er sich eng dem Vorbild an, aber ebenso oft ist er freier Nachschöpfer, etwa am Anfang der „Medea“ oder in der Rede Minervas in den „Eumeniden“. Eine Neigung zur Gelehrsamkeit spricht aus den etymologischen Erklärungen griechischer Namen, die er vermutlich in Kommentaren gefunden hat. Der tragische Stil des Ennius ist eine Umsetzung des „Klassischen“ ins „Barocke“, wofür sich Euripides gewiß am ehesten eignete. Mit seiner „Medea“ ist Ennius der erste in einer langen Reihe von Nachdichtern; schon in der Antike hatte er nicht weniger als drei Nachfolger (Ovid, Seneca, Hosidius Geta).

Die Praetexta *Sabinae* nahm ihren Stoff aus der römischen Legende; in der *Ambracia* (aus der auch ein Hexameterfragment zitiert wird!) feierte Ennius die Eroberung dieser Stadt in dem ätolischen Feldzug seines Gönners.

Der *Sota* heißt nach dem hellenistischen Dichter Sotades (3. Jahrhundert), der angeblich wegen seiner Spottverse auf die Geschwisterehe des Ptolemaios Philadelphos in ein Faß eingeschlossen und ins Meer geworfen wurde. Das Gedicht des Ennius ist in dem nach Sotades benannten Versmaß (katalektischer ionischer Tetrameter) geschrieben. Vom Inhalt gewinnen wir aus den wenigen Fragmenten kein rechtes Bild.

Der *Scipio* verherrlicht die Taten des Siegers von Zama, ist also wohl bald nach der Heimkehr des Helden, etwa 201, entstanden. Das Nebeneinander von Hexametern und trochäischen Septenaren stellt dieses Gedicht in die Nähe der *Saturae*, doch war es vermutlich ein selbständiges Werk.

Epicharmos ist der Name eines Komikers, der im 6./5. Jahrhundert in Sizilien wirkte. Man schrieb ihm philosophische Neigungen zu, und später ging ein naturwissenschaftliches Lehrgedicht unter seinem Namen. Das wird dem *Epicharmus* des Ennius zugrunde liegen; er will im Traum den Dichter in der Unterwelt getroffen und aus dessen Mund seine (pythagoreische) Weisheit empfangen haben.

Der *Euhemerus* ist eine Übersetzung der „Heiligen Geschichte“ des Euhemeros, der um 403 schrieb. Im Rahmen eines utopischen Reiseberichtes wird, angeblich nach Inschriften des Zeustempels auf der Insel Panchaia im Indischen Ozean, die

„Geschichte" des Uranos, Kronos und Zeus erzählt. Sie und die übrigen Götter waren ursprünglich Menschen, die wegen ihrer großen Taten und ihrer Verdienste um die menschliche Kultur zu Götter erhoben wurden. Diese „Entlarvung" der heidnischen Götter hat dem Werk das Interesse der Christen gewonnen. So ist uns der *Euhemerus* des Ennius auszugsweise, teils als Zitat, teils referierend, durch Lactantius (Bd. 2, 111) erhalten. Die altertümliche Prosa, die dem Laktanz vorlag, hat oft iambischen oder trochäischen Rhythmus, doch deutet nichts mit Sicherheit darauf hin, daß der *Euhemerus* ein Gedicht war. Wie weit sich Ennius hier oder im *Epicharmus* mit den vorgetragenen Lehren identifizierte, ist schwer zu sagen; beide Werke zeugen von der Weite seiner Interessen und von der Aufnahmebereitschaft seiner Leser.

In den *Saturae* hat Ennius Anregungen, die ihm aus dem Hellenismus kamen, eine eigene, römische Form gegeben. Das hellenistische Interesse an Äsop scheint in der Fabel von der Haubenlerche auf, die das Saatfeld erst verläßt, als sich der Bauer selbst ans Ernten macht (Gell. 2, 29, 1 f.); hellenistisch ist ganz allgemein die Hinwendung zur persönlich gehaltenen Kleinform und überhaupt das betont Individuelle wie in der volltönenden Selbstanrede (Buch 3): *Enni poeta salue, qui mortalibus / uersus propinas flammeos medullitus* (etwa: „Heil, Ennius, Dichter, dir, der Sterblichen / den Feuerkelch der eignen Verse reicht"). Dagegen greift der allegorische Streitdialog zwischen Leben und Tod, der einem verbreiteten Typ des Volksspiels angehört, wohl auf heimische Tradition zurück, vielleicht auf jene Vorform des Dramas, die Livius' Quelle als *saturae* bezeichnete. Das Wort *satura* ist gut lateinisch, es bedeutet „Füllsel", „Allerlei" (Mélange), offenbar in dem doppelten Sinn von Vielfalt des Inhalts und Wechsel des Versmaßes[1]). Moralisierende Kritik fehlt keineswegs, aber als Ganzes waren die *Saturae* des Ennius nicht „satirisch".

Auch das *Epigramm* in Form des elegischen Distichons verdankt die römischer Literatur dem Ennius. Aus Cicero und Seneca kennen wir zwei (oder drei?) Epigramme auf Scipio — vielleicht für Vorder- und Rückseite des Sockels seiner Statue bestimmt. Cicero (Tusc. 1, 34, 117; vgl. Cato 73) schreibt dem Ennius auch zwei Epigramme auf sich selber zu; das eine ist eine Bildaufschrift, das andere sein Epitaph: *Nemo me dacrumis decoret nec funera fletu / faxit. Cur? Volito uiuos per ora uirum*

---

[1]) Doch s. unten, S. 98, Anm. 1.

(etwa: „Niemand weine Tränen um mich und folge mir klagend. / Bin ich denn tot? Mein Lied fliegt noch von Munde zu Mund.“).

Am nachhaltigsten wirkte Ennius durch sein historisches Epos *Annales*. Hatte Naevius in seiner Verschronik einen begrenzten, wenn auch entscheidenden Abschnitt der römischen Geschichte dargestellt und dem Zeitgeschehen in den alten Legenden von Rom und Karthago einen mythischen Hintergrund gegeben, so unternimmt es Ennius in diesem groß angelegten Werk von 18 Büchern, die Geschichte Roms von den Anfängen bis auf die eigene Zeit bald in anspruchslosem Chronikstil, bald in lebendigen Bildern vorzuführen. Roms Aufstieg zur Weltmacht war damals für den Römer gewiß ein Gegenstand würdig des Dichters. Ennius ist Verkünder der Größe Roms; aber er gibt seiner Botschaft Form und Stil des griechischen Epos. Das ist seine große Tat: ein Epos geschaffen zu haben, das in seiner Kunstform griechisch, in Geist und Haltung römisch ist. Damit tritt Ennius bewußt in Gegensatz zu Naevius, dessen Größe er im Verzicht auf ausführliche Darstellung des ersten Punischen Krieges doch anerkannt (Cic. Brut. 76). Aber seine Göttinnen sind die Musen des Olymp, nicht die Camenen des alten Italien; er selbst fühlt sich als Wiedergeburt des Homer, als der Homer der Römer, und sein Gedicht beginnt mit einem Traum, worin ihm Homer erscheint und ihm offenbart, daß seine Seele — nach der Lehre der Pythagoreer — in ihn, Ennius, eingegangen sei. Homerisch ist der Hexameter, der mit Ennius als epischer Vers an die Stelle des Saturniers tritt; homerisierend sind Stil und Sprache mit ihren epischen Epitheta und Gleichnissen. Homerisierend, nicht homerisch: das Römische ist trotzdem stets gegenwärtig. Römisch ist schon das *O pietas animi*, womit der Schatten Homers seine neue Inkarnation anredet; römisch sind die Kultworte der Auguralsprache bei der Vogelschau des Romulus und Remus, und der homerisch stilisierte Vergleich, der die Erwartung der Zuschauer ausmalt, nimmt seinen Gegenstand aus dem römischen Zirkus; römisch ist ein lakonisch sachlicher Vers wie *Appius indixit Karthaginiensibus bellum* oder *unus homo nobis cunctando restituit rem;* römisch ist ganz allgemein die feierliche Schwere der Sprache mit ihren häufigen Einsilbern am Versende. Das ist gewiß nicht alles bloß „unbeholfen"; es liegt darin auch eine Gestalt gewordene Geisteshaltung.

Alexandrinische Technik sind die Exkurse, z. B. die Vorgeschichte Karthagos in Buch 7. Überhaupt liebt es Ennius, auf Gebiete abzuschweifen, die der epischen Tradition fremd sind; auch hier zeigt sich die Vielfalt seiner Interessen, besonders an Naturerscheinungen.

Ennius arbeitete an den Annalen bis ins letzte Jahrzehnt seines Lebens; wir wissen z. B. (Plin. nat. 7, 101), daß er im 16. Buch die Heldentaten des T. Caecilius Teucer und seines Bruders im Istrischen Krieg von 178/177 besang. Plinius sagt, daß sich Ennius unter dem Eindruck dieser Taten zur Fortsetzung der Annalen entschloß; sie endeten ursprünglich mit dem 15. Buch, dem ätolischen Feldzug des M. Fulvius Nobilior. Das Werk wird in Abschnitten, vielleicht in Triaden, erschienen sein (Buch 1—3: Gründung Roms und Königszeit; 4—6 frühe Republik bis zum Sieg über Pyrrhus; 7—9 Krieg mit Karthago); Buch 7 und 10 haben eigene Proömien.

Die Annalen sind das Nationalepos der Römer geworden und sind es geblieben, bis Vergil aus einem neuen Zeit- und Kunstgeist heraus seine *Aeneis* schuf. In der *Aeneis* sollte Ennius gleichsam eine Wiedergeburt erleben; Vergil hat dem großen Vorgänger, der übertroffen, nicht überholt war, seine Pietät erwiesen, indem er die Verse des Ennius immer wieder anklingen läßt und nur behutsam nachfeilt, ohne ihre *prisca uirtus* zu verletzen.

Abfassungszeit der Annalen. Bezeugt ist, daß Buch 16, eine Fortsetzung des ursprünglichen Planes, durch Ereignisse von 178/177 veranlaßt war und daß ihm zwei weitere Bücher folgten; für Buch 6—15, deren Stoff in die Lebenszeit des Dichters fällt, sind die jeweiligen Ereignisse (Punischer, Mazedonischer, Syrischer, Ätolischer Krieg) *terminus post quem.* Wann aber hat Ennius die Annalen begonnen? Die *Hedupagetica* geben, wie schon gesagt, keinen sicheren Anhalt. O. Skutsch (Class. Quarterly 38, 1944, 79 ff.) möchte die Wendung von den Camenen zu den Musen mit dem Tempel des Hercules Musarum auf dem Marsfeld zusammenbringen, den M. Fulvius Nobilior 187 für die Statuen der Musen erbaute, die er aus Ätolien mitgebracht hatte, und in den er auch die alte, vom Blitz getroffene *aedicula Camenarum* aus dem Hain des Numa überführte. Skutsch vermutet, daß mit diesem Ereignis das ursprüngliche Werk zu Ende kam wie es mit der Anrufung der Musen begonnen hatte; dann wäre der ganze Plan erst nach 189 entstanden, und das Epos hätte nicht nur geschichtlich, sondern auch literarisch programmatischen Charakter. Eine bestechende Hypothese; aber es wird doch aus wenigem allzu viel gefolgert.

Titel und Quellen. Der Titel ist von der alten Stadtchronik, den *Annales* der Pontifices, genommen, deren jahrweiser Darstellung auch die ältesten Geschichtschreiber, Q. Fabius Pictor und L. Cincius Alimentus zur Zeit des Hannibalischen Krieges, folgten. Sie waren wohl auch Ennius' wichtigste Quellen. Auch sie behandelten die bereits traditionell gewordene Gründungsgeschichte Roms. Auch sie schrieben nicht pragmatische Geschichte, sondern, mit den Worten Quintilians, gleichsam Epen in Prosa *(quodammodo carmen solutum).*

Die Annalen sind das erste Werk der römischen Literatur, von dem wir umfangreiche und bezeichnende Fragmente haben, vor allem durch Cicero, der den Ennius bewunderte, daneben durch Varro, Festus, Gellius, Servius, Macrobius, Priscian. Feststellung, Einordnung und Deutung der Fragmente schafft ebenso schwierige wie anregende Probleme (s. Nordens Versuch, aus der Kompositionsanalyse der *Aeneis* auf Zusammenhänge in den Annalen rückzuschließen: Ennius und Vergil, 1915). Ein solches Problem sei als Beispiel hier kurz erörtert. Nach Cicero, Brut. 76, hat Ennius den ersten Punischen Krieg aus Achtung vor Naevius „beiseite gelassen". Norden und andere schließen daraus, daß Ennius dieses wichtige Ereignis ganz übergangen habe. Dann könnte freilich der Vers *Appius indixit Karthaginiensibus bellum,* den Cicero, inv. 1, 27, als Beispiel historischen Stils zitiert, nur in einer vergleichenden Zeitangabe vorgekommen sein („so viele Jahre nachdem Appius den Karthagern den Krieg erklärte"). Das ist weder historischer Stil (eine bloße Zeitangabe hat als solche keinen) noch ist es historisch sinnvoll; als Ausgangspunkt einer Zeitberechnung hätte man doch wohl gesagt: „seit Rom Karthago den Krieg erklärte" — daß Appius die Kriegserklärung aussprach, gehört einer, sei es noch so knappen, geschichtlichen Darstellung an.

Ennius wird den ersten Punischen Krieg in aller Kürze behandelt haben, aber für die Einzelheiten verweist er — anonym — auf Naevius. Auch die aus dem 7. Buch zitierten Verse bei Festus, die beschreiben, wie Soldaten die Taktik des Seekriegs üben, möchte ich, trotz Ethel M. Steuart (The Annals of Q. Ennius, 1925, 149 ff.), auf den ersten Punischen Krieg beziehen, als die Römer, der Not gehorchend, die ihnen fremde Kunst zu meistern begannen.

Die immer noch maßgebende, wenngleich in manchem veraltete, Ausgabe des Ennius ist J. Vahlen, Ennianae Poesis Reliquiae, [3]1928, mit ihren eindringenden Interpretationen. Eine neue erklärende Ausgabe wird von O. Skutsch vorbereitet.

3. Komiker und Tragiker

T. Maccius Plautus — so lautete wahrscheinlich sein voller Name — wurde im umbrischen Sarsina geboren. Das Geburtsjahr wird kurz vor 250 fallen. Über sein Leben wissen wir so gut wie gar nichts. Gellius (3, 3, 14) erzählt nach Varro, Plautus sei jung nach Rom gegangen, habe dort beim Theater Geld gemacht, aber alles wieder im Handel verloren, habe dann aus Not bei einem Bäcker Dienste genommen und daneben Komödien geschrieben, die ihn bald so berühmt machten, daß er den Dienst kündigen und von seiner Kunst leben konnte. Das Anekdotische dieses Berichtes flößt wenig Vertrauen ein, plausibel klingt nur die frühe Bekanntschaft mit dem Theater. Das einzige verbürgte Personaldatum ist das Todesjahr, 184, das Jahr der Zensur Catos (Cic. Brut. 60).

Der Name (im Genitiv) *T. Macci Plauti* findet sich am Ende der *Casina* im Ambrosianischen Palimpsest (s. u., S. 58). Das Geburtsjahr ergibt sich annähernd aus Cicero, Cato 50, der sagt, Plautus habe den *Pseudolus* (191 aufgeführt) als *senex*, also im Alter von mindestens sechzig Jahren, gedichtet. Plautus wird in der Jugend Schauspieler gewesen sein. Der Ausdruck des Gellius *in operis artificum scaenicorum* weist eher auf Schauspieler als auf Bühnenarbeiter (vgl. die „dionysischen Künstler" der Griechen), und das Spiel mit dem eigenen Namen *(Maccus uortit barbare)* im Prolog der *Asinaria* (V. 11) erklärt sich am natürlichsten so, daß der lateinische Bearbeiter der Clown *(maccus)* seiner Truppe war. Die Komödien des Plautus sind bühnengerecht wie nur Schauspielerstücke.

Die Zahl der Komödien, die unter Plautus' Namen gingen, war nach Gellius (3, 3, 11) etwa 130. Varro, der ihre Echtheit kritisch untersuchte, glaubte außer den einundzwanzig, die allgemein als echt galten, noch eine Anzahl umstrittener Stücke dem Plautus aus Stilgründen zuschreiben zu können. Der Rest, sagt Gellius (ebda 10. 13), enthielt ältere Komödien, die Plautus (wie später Shakespeare) nur überarbeitete, auch Stücke eines Plautius, der mit Plautus verwechselt wurde; in der Hauptsache waren es aber gewiß Stücke, die später, sei es aus Unkenntnis des wahren Autors, sei es aus Spekulation auf Publikumserfolg, unter dem Namen des Plautus aufgeführt worden waren. Die einundzwanzig *Fabulae Varronianae* sind uns (mit Lücken) erhalten, aber nur von zweien wissen wir das Aufführungsjahr: 200 für den *Stichus* und 191 für den *Pseudolus.* Wenn Plautus eine künstlerische Entwicklung gehabt hat, so bleibt sie uns verborgen.

An Versuchen einer Chronologie der plautinischen Komödien hat es nicht gefehlt, s. zuletzt Ch. H. Buck jr., A Chronology of the plays of Plautus (1940), K. H. E. Schutter (Diss. Groningen 1952) und die Einleitung zu A. Thierfelders Ausgabe des *Rudens,* Heidelberger Texte, Lat. Reihe 13, 1951. Bei der Art der Indizien (dramaturgische und stilistische Entwicklungslinien, Anspielungen auf Zeitereignisse) ist Übereinstimmung nicht zu erwarten. Der *Miles gloriosus* enthält einen Hinweis auf das Schicksal des Naevius, fällt also wahrscheinlich nach 206; der *Trinummus* wurde an den Ludi Megalenses aufgeführt, also nicht vor 194; *Casina* 980 bezieht sich vermutlich auf den Bacchanalienskandal von 186. In den *Bacchides* erwähnt Plautus eine Aufführung seines *Epidicus;* darum kommen auch im Ambrosianus die *Bacchides* außer der alphabetischen Reihe nach dem *Epidicus* zu stehen. Für manche Stücke schwanken die erschlossenen Daten beträchtlich; den *Rudens* z. B. setzte Marx (1928) an das Ende des zweiten Punischen Krieges, während ihn Amatucci (1948) für Plautus' spätestes Werk hält.

Plautus widmete sich ausschließlich der Palliata. Seine Vorlagen entnahm er fast immer der Neuen Komödie. In der *Asinaria* bearbeitete er den „Eseltreiber" eines sonst unbekannten Demophilos, in der „Kästchenkomödie" *(Cistellaria)* die „Frühstückenden Frauen" *(Synaristosai)*

Menanders, im *Mercator* den „Kaufmann" und im *Trinummus* den „Schatz" des Philemon; der *Stichus* hat eine Komödie Adelphoi des Menander zur Quelle, die aber nicht mit dem Vorbild der gleichnamigen Komödie des Terenz identisch war. Dem *Rudens* liegt ein Stück des Diphilos zugrunde, dessen Titel nicht feststeht. Auch die übrigen Titel des Plautus haben ihr Seitenstück in der Neuen, selten in der Mittleren Komödie; letzterer wird die Vorlage des *Persa* angehört haben, der noch den Bestand des von Alexander gestürzten Perserreiches voraussetzt.

Die meisten Stücke variieren bekannte Motive. Nur die „Offenbachiade" des *Amphitruo* fällt aus dem Rahmen; da besucht Iuppiter die Alkmene in der Gestalt ihres Gatten Amphitruo, und Merkur begleitet den göttlichen Vater in der Gestalt von Amphitruos Sklaven Sosia. Von der geschickten Verwertung des Doppelgängermotivs lebt auch die Komödie *Menaechmi*, doch handelt es sich da um Zwillingsbrüder (vgl. Shakespeares Comedy of Errors). In der *Casina* bemühen sich der junge Chalinus und der ältliche Olympio um dasselbe Mädchen; Chalinus spielt seinem Rivalen einen Streich, indem er sich am Hochzeitsabend, als Mädchen verkleidet, an Stelle der erwarteten Casina zu Olympio begibt. Angeblicher Spuk im Haus, durch dessen Schilderung ein wendiger Sklave den heimkehrenden Vater davon abhalten will, den Sohn bei Lustbarkeit und Liebe zu überraschen, bildet das Hauptmotiv der *Mostellaria* (wahrscheinlich nach Philemons „Gespenst"). Einen ernsteren Hintergrund haben Stücke wie *Captivi*, *Cistellaria*, *Rudens* („Das Schiffstau"), deren Handlung in der Wiedererkennung eines verloren geglaubten Kindes gipfelt; das sind Rührstücke mit komischem Einschlag. Manche Intrige ist recht kompliziert; dem Verständnis des Zuschauers wird teils durch Beiseitesprechen oder direkte Anrede nachgeholfen, vor allem aber durch Prologe, die nach Art des späteren Euripides und der Neuen Komödie den Gang der Handlung andeuten, so daß sich der Zuschauer ganz der Wirkung der wechselnden Situation hingeben kann.

Sprecher des Prologs ist bald eine Person des Stückes (Merkur im *Amphitruo,* Palaestrio im *Miles gloriosus*), bald eine göttliche Figur, die zur Handlung eine Beziehung hat, aber nicht im Stück vorkommt: der Hausgeist (*Lar familiaris*) in der *Aulularia* (Molières L'Avare), weil es im Stück um einen vergrabenen Schatz geht, oder Arcturus, der Gewitterstern, im *Rudens,* dessen Handlung an der Meeresküste am Tag nach einem Seesturm spielt. Nicht immer ist der Prologsprecher charakterisiert; in den *Captivi* z. B. tritt ein Schauspieler in eigener Person vor das Publikum. Manche Prologe sind überarbeitet oder vielleicht gar nachplautinisch; das weist auf spätere Wiederaufführung.

Plautus kommt es nicht in erster Linie auf Handlung an; aber auch die Charakterzeichnung ist ihm nicht das Wesentliche. Die Charaktertypen, nach denen manche Stücke heißen (*Miles gloriosus, Mercator, Truculentus,* dazu der Parasit *Curculio* „Mehlwurm" und der Sklave *Pseudolus* „Lügenmaul") waren alle längst vorgebildet; Plautus nützt ihre Möglichkeiten weidlich aus, hat aber kein Interesse daran, sie individuell zu differenzieren. Die wirksamsten unter seinen Gestalten sind typische „Chargenrollen" — dankbare Rollen, wie sie der naive Schauspieler liebt. Ein Typ wie der Kuppler Ballio im *Pseudolus* war noch im 1. Jahrhundert eine Glanzrolle des Schauspielers Roscius, den Cicero in einer Privatsache verteidigte.

Die meisten Gestalten haben redende Namen. Das gehört zur Gattung, aber Plautus tut ein übriges. So heißt im *Miles gloriosus* der dummprahlerische Offizier Pyrgopolynices („Vieltürmstürmer"; sein Kollege im *Pseudolus* heißt doppelsinnig Polymachaeroplagides, „der viele Schwerthiebe austeilt" — oder empfängt), der Sklave, der den eitlen Offizier „um den Finger wickelt", heißt Periplecomenus, der Parasit Artotrogus („Brotesser"), das Mädchen Philocomasium (sie läßt sich offenbar gern zum Gelage, *komos,* einladen), und der junge Mann, der sie schließlich von Ephesos nach Athen bringt, heißt Pleusicles („ruhmvoller Seefahrer"). Nestroy hätte nichts Besseres erfinden können.

Die unwiderstehliche Wirkung des Plautus liegt weder in der Handlung noch in den Charakteren; sie kommt von seiner Sprache, deren Kraft, Frische und Ausdrucksreichtum schon L. Aelius Stilo, Varro und Cicero bewunderten. Das Latein des Umbrers Plautus ist einer der erstaunlichsten Fälle des Hineinwachsens in eine Sprache, in die gesprochene Sprache mit all ihrer Lebendigkeit. Vom derben Schimpfwort, worin er sich mit merklichem Gusto ergeht, bis zur Parodie des gesuchten Tragödienstils, von lyrischer Stimmung über die Sprache der Leidenschaft bis zur (gar nicht so häufigen) Zote ist alles da, was dem Römer jener Zeit auf die Zunge kommen mochte, sogar ein wenig Griechisch und (im *Poenulus)* Punisch, das er aus Krieg und Garnison heimbrachte. Aber die Sprachkunst des Plautus ist nicht realistisch; mit ihren gehäuften Schmäh- und Koseformen, ihren komischen Wortungetümen, ihren teils übertreibenden, teils absichtlich inkongruenten Vergleichen (da fließt viel Römisches in die griechische Strömung ein) ist es die Sprache einer Überwirklichkeit, dem Aristophanes, den er nicht kannte, viel näher als dem Menander und seinen Zeitgenossen. Diese Sprache ist römisch, richtiger: italisch, und — bei aller Übertreibung im einzelnen wie in der „Sprachgebärde" — für uns eine kostbare Quelle des Altlateins, des Volkslateins, der Liebes- und der Soldatensprache.

Über die Verskunst des Plautus und seine Cantica, die seiner Komödie den Charakter des Singspiels geben, s. oben S. 41 f.

Plautus war der Liebling des römischen Theaterpublikums. Die gräzisierende Richtung des Caecilius und Terenz mag ihn vorübergehend in den Schatten gestellt haben; aber später wurden seine Stücke wieder gespielt (vgl. *Casina*, prol. 5 ff.), freilich dabei unbedenklich überarbeitet, bis sich die Philologen des Textes annahmen. Noch zur Zeit Ciceros, als die Palliata längst tot war, konnte sich Roscius als Plautusdarsteller einen Namen machen. Die Augusteer (vgl. Hor. epist. 2, 1, 170 ff.) konnten mit Plautus nichts anfangen; erst Probus und dann die Hadrianer haben sich ihm von neuem zugewandt. Plautus ist bis ans Ende der Antike gelesen worden. Aus der Spätzeit oder vielleicht erst aus dem Mittelalter stammt der *Querolus*, eine sehr freie Nachdichtung der *Aulularia* in rhythmischer Prosa. Im allgemeinen hatte das Mittelalter für Plautus weniger übrig als für den mehr sentenziösen Terenz. Erst seit der Renaissance ist Plautus wieder eifrig gelesen, auch an Lateinschulen, Universitäten und weltlichen wie geistlichen Höfen aufgeführt worden, und hat von da an zusammen mit Terenz bestimmend auf das moderne Lustspiel gewirkt.

Die Handschriften des Plautus gehen alle auf ein Exemplar der *Fabulae Varronianae* zurück, vielleicht auf eine Ausgabe des M. Valerius Probus. Die antike Ausgabe liegt uns in zwei Rezensionen vor, beide lückenhaft: in dem Palimpsest aus Bobbio, jetzt in der Ambrosianischen Bibliothek, Mailand, einer Handschrift des 4.—5. Jahrhunderts, und in der mittelalterlichen *recensio Palatina,* so genannt, weil deren beide Haupthandschriften, jetzt in Rom und Heidelberg, aus der alten Pfälzer Bibliothek stammen. Eine unabhängige Überlieferung scheint in den Zitaten bei Verrius Flaccus (Festus, Paulus) vorzuliegen; Pasquali (Storia della tradizione etc., S. 327 ff.) möchte sie auf eine vorvarronische Ausgabe zurückführen.

Mit Caecilius Statius, einem Insubrer aus der Gegend des heutigen Mailand, beginnt die römische Komödie sich entschiedener auf Menander hinzuwenden. Caecilius ist der erste Gallier in der römischen Literatur. Er kam nach Rom als kriegsgefangener Sklave. Nach der Freilassung lebte er vermutlich von dem Ertrag seiner Stücke. Er teilte ein Haus mit Ennius; keiner von beiden war offenbar vermögend genug, um im eigenen Haus zu leben. Caecilius scheint nicht sehr alt geworden zu sein; er starb im Jahre 168. ein Jahr nach dem Tod seines Hausgenossen.

Seit Plautus war die Komödie ein „Métier" geworden, das den ganzen Mann verlangte. Auch Caecilius hat nichts als Palliaten geschrieben. Bezeichnenderweise stimmen von den etwa vierzig bekannten Titeln seiner Komödien fast die Hälfte mit Titeln Menanders überein; auch sind darunter neben rein lateinischen Titeln Doppeltitel (z. B. sein *Hypobolimaeus* „Der Untergeschobene" wird auch in der lateinischen Form *Subditivus* zitiert; daneben kennt ihn Nonius noch als *Hypobolimaeus Rastraria* „Der Untergeschobene oder Die Hacke"); sogar rein griechische Titel kommen vor wie nachher bei Terenz (*Exhautuhestos* „Der Selfmademan"?, *Plocium* „Das Halsband", *Synephebi* „Die Jugendfreunde"). Varro preist Caecilius wegen seiner *argumenta,* vermutlich, weil er im Gang der Handlung wenig oder gar nicht von den griechischen Originalen abwich. Im einzelnen hat er mit dem Vorbild so frei geschaltet wie Plautus; das zeigt der aufschlußreiche Vergleich mehrerer Stellen aus dem *Plocium* des Caecilius und aus dem gleichnamigen Stück Menanders bei Gellius (2, 23), der einmal mit Freunden beide Stücke nacheinander las. Da wird ein Bericht in Trimetern zu einem lebhaften Canticum; die Zudringlichkeit einer häßlichen Frau, die den Mann nur der Mitgift verdankt, gewinnt einen fast grotesken Zug, und an die Stelle der menschlich resignierten Betrachtungen eines treuen Sklaven treten Sentenzen im hochtrabenden Stil der Tragödie. „Wenn man das lateinische Stück liest", sagt Gellius, „gefällt es recht gut; sobald man es aber mit Menander vergleicht, fällt es ab und verblaßt. An Stelle der schlichten Menschlichkeit und gefälligen Natürlichkeit des Originals treten künstlich aufgesetzte Lichter und Späße und die feine Charakterisierung der Personen geht dabei verloren." Caecilius, sagt Gellius abschließend, hätte nicht einem Dichter nachfolgen sollen, den er nicht erreichen konnte. So urteilt ein Archaist, der die altrömischen Dichter mit den Augen des Probus las!

Selbst so tastende Schritte auf dem Wege der Annäherung an Menander wurden als ungewohnt empfunden. Das Publikum wollte nicht mitgehen, und es bedurfte eines unternehmenden Direktors wie L. Ambivius Turpio, um die Komödien des Caecilius auf die Bühne zu bringen. Später scheint sich Caecilius allerdings durchgesetzt zu haben, wenigstens bei den Gebildeten. Die Geschichte in der Terenzvita des Sueton, daß die Ädilen des Jahres 166, denen Terenz seine *Andria* vorlegte, den noch unbekannten Dichter veranlaßten, sein Stück erst dem Caecilius vorzulesen, und die Annahme von dessen Urteil abhängig machten, setzt jedenfalls voraus, daß Caecilius nach dem Tod des Plautus als Meister der römischen Komödie galt. Volcacius Sedigitus gibt ihm unter den Dichtern der Palliata sogar den ersten Platz.

Die Geschichte, die den Caecilius zum Referenten über die *Andria* macht, nimmt es mit der Chronologie nicht genau. Die Ädilen von 166 können nur über ein Stück entschieden haben, das ihnen in ihrem Amtsjahr zur Aufführung angeboten wurde, und damals war Caecilius schon zwei Jahre tot. Der Sinn der Erzählung wird aus der Fortsetzung klar. Terenz traf Caecilius bei der Mahlzeit an. Der berühmte Autor bedeutete dem ärmlich gekleideten jungen Mann, sich auf einen Schemel zu setzen und mit dem Vorlesen zu beginnen. Bald aber horchte er auf; er bat Terenz zu sich an die Tafel und sie gingen das Werk gemeinsam durch, wobei Caecilius mit seiner Bewunderung nicht zurückhielt. Der ältere Meister beugt sich vor dem Vollender.

P. TERENTIUS AFER war, wie sein Name sagt, Afrikaner; nicht Karthager, wie Sueton behauptet, sondern

Berber, von dunkler Hautfarbe. Sein kurzes Leben (er wurde 35, nach Sueton gar nur 25 Jahre alt) fällt in die Zeit zwischen dem zweiten und dritten Punischen Krieg. Seinen ursprünglichen Namen kennen wir nicht; Terentius heißt er nach dem Senator Terentius Lucanus, in dessen Haus er, noch jung, als Sklave gekommen war. Sein Herr ließ ihn sorgfältig erziehen und gab ihm bald die Freiheit. Was über das Privatleben des Terenz erzählt wird, verdient wenig Glauben. Er war befreundet mit dem jüngeren Scipio und mit Laelius — beide noch jung, als Terenz schon ein Mann war; sie sollen ihm nicht nur bei seinen Komödien geholfen, sondern auch intimen Verkehr mit ihm gehabt haben. Letzteres, zuerst von Porcius Licinus am Ende des 2. Jahrhunderts behauptet, braucht nichts mehr als Gerede zu sein. Den Vorwurf, daß er sich bei seinen Komödien helfen lasse, hat man ihm dagegen schon bei Lebzeiten gemacht; er verwahrt sich gegen den Tadel, der darin liegt, ohne doch das Gerücht als solches zu entkräften (*Adelphoe*, prol. 15 ff.), und rechtfertigt sich damit, daß es keine Schande sei, Männern zu gefallen, die alle Welt bewundere. Das sind wohl eher die Griechenfreunde der Generation vor ihm als die jungen Adeligen, bei denen er verkehrte. Auf nähere Verbindung mit jenen Familien deutet es auch, daß zwei seiner Komödien bei den Leichenspielen für L. Aemilius Paulus, den Vater des jüngeren Scipio, aufgeführt wurden.

Besser unterrichtet sind wir über die Laufbahn des Terenz als Dramatiker. Zu den Didaskalien seiner Komödien kommen die Prologe der Stücke selbst, in denen er seinen Kritikern antwortet. Zunächst haben wir Aufführungsdaten von sechs Komödien[1]): *Andria* 166, die erste Aufführung der *Hecyra* („Die Schwiegermutter") 165, *Heautontimorumenos* („Der Selbstquäler") 163, *Eunuchus* und *Phormio* 161, *Adelphoe* und eine zweite Aufführung

1) Die abweichende Chronologie, die L. Gestri vorschlägt (Studi italiani di filologia classica 13, 1936, 61—105; 20, 1943, 1—58), folgt aus einer durchaus nicht zwingenden Interpretation der Prologe. Erwägenswert ist nur, daß die ersten zwei Aufführungen der *Hecyra*, von denen der Prolog spricht, vor die drei didaskalisch bezeugten fallen mögen.

der *Hecyra* bei den Leichenspielen für Aemilius Paulus, 160, und eine dritte Aufführung der *Hecyra* an den Ludi Romani desselben Jahres. Bald darauf unternahm Terenz eine Bildungsreise nach Griechenland, von der er nicht zurückkehren sollte; er starb 159. Er hinterließ ein Landgut von zwanzig Joch und eine Tochter, die später ein römischer Ritter zur Frau nahm.

Die dreimalige Inszenierung der *Hecyra* innerhalb weniger Jahre war durch zweimaligen Mißerfolg verursacht: die erste Aufführung wurde abgebrochen, weil das Publikum schon ungeduldig war, einen Boxkampf und einen Seiltänzer zu sehen; während der zweiten Aufführung verbreitete sich unter den Zuschauern das Gerücht, es gebe Gladiatorenspiele, und alles strömte der stärkeren Attraktion zu; erst die dritte Aufführung, die offenbar keine ähnliche Konkurrenz hatte, brachte Erfolg. Die Ädilen, die das durchgefallene Stück noch im selben Jahr annahmen, hatten Vertrauen in seinen Wert, aber ein Publikum scheint es nur mangels besserer Unterhaltung gefunden zu haben. Im Grunde hatten beide Teile Recht; die *Hecyra* ist arm an Handlung und ihr feiner Konversationston verlangt größere Aufmerksamkeit als damals vom Römer im Theater erwartet werden durfte.

War Terenz dem großen Publikum zu wenig populär, so war er den Literaten nicht streng genug. Ein wenig bekannter älterer Dichter, der ihm übel wollte — Luscius Lanuvinus, wie uns Donat belehrt —, hatte ihm „Kontamination" (s. S. 40 f.) und Plagiat vorgeworfen, daneben noch fremde Mitarbeit. Die Kritik des Kontaminierens richtet sich gegen die *Andria*, die (S. 40) Elemente aus Menanders *Perinthia* enthält; Terenz beruft sich auf Naevius, Plautus und Ennius und verteidigt den besonderen Fall mit der Ähnlichkeit der beiden Stücke. Plagiat (hier die Bearbeitung einer griechischen Komödie, die schon ein Vorgänger auf die Bühne gebracht hatte) wird dem *Eunuchus* und den *Adelphoe* vorgeworfen; in den *Eunuchus* soll Terenz eine Gestalt aus dem „Schmeichler" des Menander eingeführt haben und in den *Adelphoe* stamme eine Szene (Entführung eines Mädchens aus einem Bordell) aus den *Synapothneskontes* („Gemeinsam in den Tod") des Diphilos. Terenz gibt beides zu, erklärt sich aber nicht schuldig. Von dem *Colax* („Schmeichler") des Plautus behauptet er keine Kenntnis gehabt zu haben, was zu einer Zeit, da Komödien nur in Bühnenexemplaren zirkulierten, leicht möglich war, und die Szene aus

Diphilos hatte Plautus in seinen *Commorientes* übergangen, so daß sie noch „frei" war. Im *Phormio*-Prolog antwortet Terenz dem Luscius auf eine Kritik seines Werkes als Ganzes; er geht zum Angriff über und rät seinem Kritiker, lieber mit sich selbst ins Gericht zu gehen. Luscius Lanuvinus, der unter anderem Menanders „Erscheinung" und „Schatz" auf die Bühne brachte (*Eunuchus*, prol. 9 f.), hat so wörtlich übersetzt, daß er für Römer unverständlich wurde; von einer ungenannten Komödie des Luscius sagt Terenz (*Phormio*, prol. 10), sie verdanke ihren Erfolg hauptsächlich der Darstellung. Dieses Urteil bestätigt Sedigitus, der den Luscius nur eine Stufe über den in der Komödie erfolglosen Ennius stellt. Vielleicht war der schmähsüchtige Luscius (*Heautont.*, prol. 22) der Gildmeister des Dichterkollegs, der, selbst wenig erfolgreich, dem aufstrebenden Terenz mit seiner Kritik den Weg versperren wollte.

Mit den extremen Menandreern hatte Terenz nichts zu tun. Ähnlich wie Caecilius, nur feiner (darum auch weniger wirksam), wollte er als Künstler seine Selbständigkeit wahren. Aber das Ringen mit Menander, das Streben, seinem Geist möglichst nahe zu kommen, war ihm Ernst. Nach der letzten Aufführung der *Hecyra* ging er nach Griechenland, um griechisches Leben aus eigener Anschauung kennen zu lernen, vielleicht auch in der Hoffnung, Komödien Menanders aufzuspüren, die in Rom noch unbekannt waren. Der Tod hat im folgenden Jahr seinem Schaffen ein Ende gemacht.

Die Nachrichten über den Tod des Terenz sind wenig glaubwürdig. Nach Sueton litt Terenz auf der Heimreise Schiffbruch; dabei ging er nach einer Version zugrunde, nach einer anderen wurde er zwar gerettet, verlor aber seine neuen Nachdichtungen menandrischer Stücke und starb aus Gram über diesen Verlust. Wieviele Stücke das waren, wissen wir nicht. Die Vita spricht von 108, doch das ist die Gesamtzahl der Komödien Menanders; die war wohl in einem Exemplar am Rande notiert worden und hat bei der Abschrift die Zahl im Text verdrängt. Das Altertum kannte von Terenz nur die sechs Komödien, die wir noch haben. Valerius Probus gab sie kritisch heraus; das ist die Grundlage des Terenztextes.

Auch von Terenz haben wir einerseits eine Handschrift des späten Altertums (den Codex Bembinus, jetzt in der Vaticana) und die in mittelalterlichen Handschriften erhaltene Rezension des Calliopius aus dem 5. Jahrhundert. Manche dieser Handschriften sind illuminiert: am Beginn jedes Stückes finden sich die Masken der auftretenden Personen, und jeder Szene ist ein Handlungsbild beigegeben. Authentisch sind diese Bilder so wenig wie die „Porträts" des Terenz in denselben Handschriften, aber sie gehen auf antike Vorlagen zurück. (Abbildungen: L. W. Jones — C. R. Morey, The Miniatures in the Manuscripts of Terence, 2 Bde, 1930—1931.)

Zwei Komödien des Terenz sind nach einem uns wenig bekannten Apollodoros von Karystos gearbeitet, die übrigen vier nach Menander. Unterschiede zwischen den „Apollodorstücken" und den „Menanderstücken" sind nur im Aufbau erkennbar, gehören also den Originalen; z. B. exponiert Apollodoros durch Sklaven, die über die Herrschaft reden (die Technik ist noch nicht ausgestorben), während Menander gern eine Hauptperson berichten und damit zugleich ihre Natur enthüllen läßt. Doch beginnen auch manche Komödien Menanders mit einem Sklavendialog, z. B. das „Schiedsgericht", wo der Sklave Onesimos einem Koch, den er für seinen Herrn gemietet hat, auf dessen neugierige Fragen antwortet. Auf die kurze Dialogszene folgt dann gewöhnlich ein Götterprolog, dem der Hauptteil der Exposition zufällt. So folgt in der plautinischen *Cistellaria* (Menanders *Synaristosai)* auf das Frühstück der Halbweltdamen der Prolog der Gottheit Auxilium. Terenz zieht dem Expositionsmonolog die Exposition in Dialogform vor. Für die *Andria* ist die Umbildung einer Monologszene durch Donat bezeugt: Sosia, der Freigelassene, dem Simo sein besorgtes Herz ausschüttet, ist nur als „Vertrauter" eingeführt (noch unseren Großeltern eine selbstverständliche Theaterkonvention); er ist dazu da, ein Geständnis entgegenzunehmen, und kommt nachher nicht wieder vor. Terenz hat diese allzu durchsichtige Verhüllung des Expositionsmonologs in den späteren Stücken verschmäht.

Monologisch exponiert Terenz nur in den Adelphoe; hier ist der Monolog des Micio aus der Situation verständlich: ein Vater, dessen Sohn die ganze Nacht ausbleibt, mag wohl laut zu denken anfangen. Elemente des Enthüllungsmonologes finden sich natürlich auch in den Einleitungsszenen der anderen Stücke; sie teilen mit dem Monolog des Micio die Doppelfunktion, sowohl Handlung wie Charakter zu exponieren. Wie Micio mit der Charakteristik seines so anders gearteten Bruders Demea auch sich selbst charakterisiert, so tut das der Simo der Andria mit seiner Erzählung vom Begräbnis der Chrysis (die stilistischen — damals sagte man: rhetorischen — Vorzüge der Stelle hat Cicero, De orat. 2, 326 ff., fein analysiert); ebenso Menedemus, der Selbstquäler, wenn er seinem teilnehmenden Nachbarn gesteht, er habe durch übermäßige Strenge den einzigen Sohn in die Fremde getrieben und strafe sich nun in später Reue durch harte Arbeit bis ins hohe Alter. Die Art Menanders ist hier unverkennbar.

Von Menander hat Terenz auch die Kunst der indirekten Charakteristik durch die Sprache gelernt, der Donat in seinem Kommentar so verständnisvoll nachspürt. Aber der Sprachstil des Terenz ist doch ganz seine eigene Leistung. Er setzt an die Stelle der attischen Umgangssprache den gepflegten Konversationsstil einer römischen Gesellschaft, die bei den Griechen in die Schule gegangen war. Es ließe sich denken, daß Terenz die letzten Feinheiten des Tons nicht ohne seine adeligen Freunde getroffen hätte, und so könnte der Vorwurf, er bediene sich ihrer Mitarbeit, ein Körnchen Wahrheit bergen. Joseph Conrad schrieb unter den Augen von George Moore, und Evelyn Waugh hat die Amerikanismen in *The Loved One* von zuständiger Seite begutachten lassen. Wie immer dieses Sprachkunstwerk zustande kam — es ist ein Spiegel der gehobenen Umgangssprache der Scipionenzeit wie es (nur noch unmittelbarer) Ciceros Briefe an Atticus für die ausgehende Republik und (viel stärker stilisierend) die *Sermones* des Horaz für die augusteische Zeit sind. Viele Generationen haben ihr Latein aus Terenz gelernt; sein Verschwinden aus der Schule machte der Kunst ein Ende, Latein zu schreiben und zu sprechen.

Die Reinheit der Sprache des Terenz preist Cicero in Versen aus einem verlorenen Gedicht *Limon*. Bedingter ist das Lob Caesars, der — offenbar in einem Gelegenheitsgedicht — Ciceros Lob des Terenz parodiert. Caesar gesteht dem Dichter zwar

Reinheit und Glätte der Sprache zu, vermißt aber an ihm Menanders Komik: der *dimidiatus Menander* bleibt die bessere Hälfte des Originals schuldig. Die Verse Ciceros und Caesars sind in der Terenzvita (p. 9, 2—13 Wessner) zitiert; hierzu W. Schmid, Rhein. Mus. 95, 1952, 229—272.

Neben Stoff, Gestalten und sprachlicher Charakterisierung, die sich Terenz bewußt zu eigen machte, ist gewiß auch manches von Menanders versöhnlich-resigniertem Weltbild (man denkt an Nietzsches Wort vom „untragischen" Griechen der späteren Zeit) in das Werk des Römers eingeflossen. Die Zeit war reif dafür. Man hatte die alte *uirtus* nicht aufgegeben, aber die Härte, mit der sie einst geübt wurde, war im Schwinden. Offiziell war in Rom für die athenische Leichtlebigkeit gewiß kein Platz; die Palliata mit ihren Verschwendern und Hetären, mit Verführung und Ehebruch spielt in Athen, wie eine „gewagte" deutsche oder englische Komödie in Paris zu spielen pflegte. Aber eine Bereitschaft zum Verstehen, eine leise Distanz zum Leben, eine reflektierende und tolerante Geisteshaltung scheint sich — in gewissen Grenzen — mit dem wachsenden Einfluß griechischer Bildung und den verfeinerten Lebens- und Umgangsformen doch eingestellt zu haben. So zeichnet Cicero den Laelius als Stoiker *sans rigueur*. Bezeichnend, daß Terenz zweimal, im *Heautontimorumenos* und noch ausdrücklicher in den *Adelphoe*, die Frage der Hauszucht aufgreift und daß die altväterische Strenge beidemale das Gegenteil von dem erreicht, worauf sie abzielt; das andere Extrem hat freilich genau den gleichen Erfolg. Demea erzieht einen seiner Söhne streng auf dem Lande, während der andere, von Demeas Bruder Micio adoptiert, sich in der Stadt ausleben darf; beide gehen auf Abwege, aber am Ende heiratet Aeschines das Nachbarmädchen, das er verführt hat (und Micio dessen Mutter), und Demea, der erst von einem Extrem ins andere fällt (wie Menedemus bei der unerwarteten Heimkehr seines Sohnes Clinias), redet am Ende dem goldenen Mittelmaß das Wort, läßt aber doch „seinen" Sohn Ctesipho die geliebte Harfenspielerin — *pro tempore* — behalten. *Homo sum: humani nihil a me alienum puto,* sagt Chremes im Heautontimorumenos (V. 25). Der Vers ist so oft und so mißverständlich zitiert worden wie nur noch Antigones Wort vom Mithassen und Mitlieben. Es ist kein Programm; aber aus ihm spricht eine Haltung, für die der Römer das Wort *humanitas* geprägt hat. Davon soll später die Rede sein.

Literatur: G. Jachmann, RE V A (1934) 598—650. — E. Reitzenstein, Terenz als Dichter, 1940. — H. Haffter, Terenz u. seine künstlerische Eigenart: Mus. Helv. 10 (1953) 1—20, 73—102 (mit Bibliographie). — G. Norwood, Plautus and Terence, 1963.

Zunächst müssen wir uns der Tragödie zuwenden. M. Pacuvius, für Cicero (opt. gen. 1) der größte unter den römischen Tragikern, lebte von den Mannesjahren des Plautus bis in die Gracchenzeit. Er war in Brundisium um 220 geboren. Ennius, dessen Neffe er war, brachte ihn nach Rom, wo er malte und Tragödien schrieb. Pacuvius erreichte ein hohes Alter. Noch für 140 ist die Aufführung eines Stückes des damals Achtzigjährigen bezeugt (Cic. Brut. 229); dann zog er sich, wohl gesundheitshalber, nach Tarent zurück und starb dort um 130.

Wenn aus der fragmentarischen Überlieferung Schlüsse erlaubt sind, dann war Pacuvius kein fruchtbarer Autor. Die etwa 500 Verse verteilen sich auf nur dreizehn Werke: zwölf Tragödien und eine Praetexta. Pacuvius ging als Dichter eigene Wege. Er bevorzugte entlegene und noch wenig behandelte Stoffe, wie sie ihm zum Teil die nacheuripideische Tragödie bieten mochte: *Dulorestes* („Orest als Sklave“ — der Rächer Orestes dürfte darin als Sklave verkleidet nach Mykenä zurückgekehrt sein); *Iliona* (eine Priamostochter, deren Sohn Deiphilos ermordet wurde; er erscheint der Mutter und bittet um Bestattung: die Rede zitiert Cicero, Tusc. 1, 106); *Teucer* (die Rede des verbannten Telamon war berühmt, sie klingt noch bei Horaz carm. 1, 7, 21 ff. nach); *Niptra* (nach Sophokles, vgl. Cic. Tusc. 2, 49: die Heimkehr des Odysseus, den seine Amme beim Waschen der Füße wiedererkennt). Die Praetexta *Paulus* feierte wahrscheinlich den Sieg des L. Aemilius Paulus über Perses bei Pydna, 168.

Als Helden hat man auch an den gleichnamigen Vater des Siegers von Pydna gedacht, der in der Schlacht bei Cannae, 216, gefallen war. Entscheidend für den Sohn scheint mir Boethius, cons. 2, 1, 12, wo es unmittelbar nach einem Hinweis auf das Schicksal des Perses heißt: *quid tragoediarum clamor aliud deflet nisi indiscreto ictu fortunam felicia regna uertentem?* In den letzten Worten steckt noch hörbar ein Szenikerzitat, und in einer der ältesten Handschriften des Boethius-Kommentators Remigius von Auxerre steht hierzu am Rande: *in Pacuvio hoc legitur.*

Pacuvius gab in seinen Tragödien noch mehr als Ennius philosophischer Spekulation Raum; Horaz nennt ihn *doctus* (epist. 2, 1, 36). Seine Sprache hatte Kraft und Fülle (*ubertas*, so Varro bei Gell. 6, 14, 6); die packende Schilderung eines Ungewitters auf dem Meere (vielleicht aus dem *Teucer*, 409 ff. Ribbeck) gibt davon ein gutes Bild. Cicero sagt allerdings, Pacuvius habe es gleich Caecilius Statius an Reinheit der Sprache fehlen lassen. Ein Autor, dem es auf Ausdruckskraft ankommt, ist selten Purist. Schwerer wiegt eine gewisse Gesuchtheit im Ausdruck, die manchmal geschmacklos wirkt. Seine Beschreibung der Delphine als *Nerei repandirostrum incuruiceruicum pecus* „Nereus' Getier, mit aufgebognem Rüssel, den Nacken krümmend" hat schon Lucilius (sat. 212) parodiert, und Quintilian (1, 5, 67) zitiert den Vers als warnendes Beispiel monströser Wortbildung. Man versteht, daß derlei den Spott der Komödie herausforderte wie Hebbels „Judith" die Parodie Nestroys.

Man könnte meinen, die Dichtung des Pacuvius sei wenig populär gewesen. Aber nach allem, was wir wissen, haben seine Tragödien auf der Bühne starke Wirkung geübt; sie sind auch nach seinem Tode gespielt und noch lange gelesen worden. Wir können nur noch die Großartigkeit einzelner Stellen nachempfinden; keines der Stücke läßt sich trotz der zahlreichen Fragmente rekonstruieren. Pacuvius wird wohl teils durch die Intensität der dramatischen Situationen gewirkt haben, teils durch die Gewalt des Wortes, die den Zuschauer mitriß, auch wenn er nicht alles verstand.

Sprachgewalt, doch mit größerer Sprachdisziplin gepaart, zeichnete auch den jüngeren Zeitgenossen des Pacuvius, den Tragiker L. Accius, aus. Horaz (epist. 2, 1,

56) gibt ihm das Epithet *altus* „der Erhabene". Auch Accius hat im Jahre 140 in Rom eine Tragödie aufgeführt. Geboren war er 170 in Pisaurum; der junge Cicero hat ihn noch persönlich gekannt. Accius war der Sohn eines Freigelassenen, ein Klient des D. Iunius Brutus Gallaicus, für dessen Marstempel er Inschriften (in Saturniern!) verfaßte.

Im Gegensatz zu Pacuvius war Accius äußerst fruchtbar; wir kennen von ihm nicht weniger als 45 Tragödien (rund 700 Verse) und zwei Prätexten (*Brutus,*[1]) *Aeneadae* — letztere hatte die Selbstopferung des jüngeren P. Decius Mus, 295, zum Gegenstand). In der Wahl seiner Vorbilder, unter denen Euripides stark vertreten ist, und in der Vorliebe für trojanische Themen kehrte er zu der älteren Tradition der römischen Tragödie zurück; doch hat er seine Stoffe mit großer Freiheit behandelt. Ein Wort seines tyrannischen Atreus: *oderint, dum metuant,* ist bis heute lebendig geblieben.

Das Ansehen, das Accius genoß, beweist seine Stellung im *Collegium Scribarum;* im Bewußtsein der eigenen Dichtergröße erhob er sich nie von seinem Sitz, wenn ein vornehmer Amateur, C. Iulius Caesar Strabo, zu den Versammlungen des Kollegiums kam (Val. Max. 3, 7, 11).

Neben der Tragödiendichtung betrieb Accius auch allerhand gelehrte Schriftstellerei in poetischer Form; über seine literarhistorischen *Didascalica* s. S. 17.

4. Die Anfänge der Prosa

Póenico belló secundo Músa pinnató gradu / íntulit se béllicosam in Rómuli gentém feram „In dem zweiten Punischen Kriege kam der Muse Flügelschritt / Zu dem rauhen Volk der Krieger, zu des Romulus Geschlecht". Mit diesen Worten, deren Rhythmus freilich mehr vom Tritt der Legionen hat als von dem „geflügelten Schritt der Muse", besingt hundert Jahre später Porcius Licinus das Werden der römischen Dichtung, die zur Zeit des Krieges

---

1) Varro (ling. 6, 7; 7, 12) zitiert den Brutus als Werk eines Cassius; das bezieht Bardon (Litt. lat. inconnue 1, 327) auf den Caesarmörder, von dem (ad Hor. epist. 1, 4, 3) Tragödien bezeugt sind.

mit Hannibal ihre erste Blüte erlebte. In die Jahre des Hannibalischen Krieges fallen auch die Anfänge der römischen Prosa. Der römischen, nicht der lateinischen. Das erste lateinische Werk von literarischer Bedeutung, das in Prosa geschrieben war, ist höchstwahrscheinlich der *Euhemerus* des Ennius — Übersetzung eines griechischen Prosabuches, Zeugnis eines ungewöhnlich regen, rationalistischer Spekulation zugewandten Geistes. Appius Claudius blieb lange ohne Nachfolge. Als man in Rom begann, Prosa zu schreiben, tat man es in griechischer Sprache.

Ein seltsamer Gegensatz: während der Grieche Andronicus und der Messaper Ennius Bahnbrecher einer Dichtung in lateinischer Sprache sind, bedienen sich Roms älteste Historiker — Angehörige alter Geschlechter und Männer senatorischen Ranges — des Griechischen. Gewiß, Griechisch war die Verkehrssprache des Mittelmeerbeckens, von Alexandria und Korinth bis Massilia und Karthago. Man versteht es, daß der Römer mit dem Stolz erwachenden Geschichtsbewußtseins die eigene Vergangenheit als Teil eines Weltgeschehens sah, in das er immer bestimmender einzugreifen begann, und daß er seine Geschichte, die ihm darauf ein Anrecht gab, eben jener Welt in ihrer eigenen Sprache vorlegen wollte. Rom war zu bedeutend geworden, um selbst von den bildungsstolzen Griechen mit den übrigen „Barbaren" auf eine Stufe gestellt zu werden. Und dennoch wird der Wunsch, das gebildete Griechentum zu beeindrucken, nicht das einzige Motiv gewesen sein. Im Grunde schreiben diese vornehmen Römer doch wohl für Römer. Literarische Prosa zu schreiben ist schwieriger als Dichten. Der Kunst der Geschichtschreibung, von den Griechen seit Thukydides ausgebildet, ließ sich etwas Vergleichbares zunächst nur in deren eigener Sprache entgegenstellen — wenigstens nach dem Urteil von Männern, die so stark von griechischer Bildung erfaßt waren wie der ältere Scipio oder T. Quinctius Flamininus. Solche Männer, national und zugleich griechenfreundlich, waren es ja auch, die den Gedanken einer römischen Herrschaft über das Mittelmeer faßten und ihn zu verwirklichen begannen —

einer Herrschaft, die nur Dauer haben konnte, wenn sie mit der stärksten Bildungsmacht jener Welt einen Bund einging. Der Historiker wandte sich an den Gebildeten; von der Masse des Volkes war Verständnis für eine weitblickende Macht- und Kulturpolitik so wenig zu erwarten wie Interesse für Literatur.

Wir nennen diese ersten Historiker Roms die *älteren Annalisten;* die Originaltitel ihrer Werke sind nicht überliefert, aber schon Cicero und später Livius sprechen von *Graeci annales, prisci annales* (griech. *Horoi).* Annales hießen zweifellos die späteren lateinischen Übersetzungen der Geschichtswerke des Q. Fabius Pictor und des C. Acilius. Die begriffliche Unterscheidung von *historiae* „Zeitgeschichte" und *annales* „Geschichte der Vergangenheit" (am bekanntesten aus Tacitus) gehört einer jüngeren Zeit an.

Die ältesten Annalisten beginnen mit der Gründung der Stadt und führen deren Geschichte bis auf die eigene Gegenwart. Erst zur Zeit der Gracchen hat L. Coelius Antipater eine historische Monographie über den zweiten Punischen Krieg verfaßt. Trotz der annalistischen Anlage war die Darstellung keineswegs von der trockenen Art der Annalen der Pontifices (S. 28). Der griechische Historiker gestaltet seinen Stoff als Künstler und auch darin haben die Römer den Griechen nachgeeifert. Acilius ging so weit, eine Begegnung des Hannibal und Scipio in Ephesos zu erfinden, um die beiden großen Feldherrn einander lebendig gegenüberzustellen statt sie bloß rückschauend zu vergleichen; w i r gestehen solche Freiheit nur mehr dem Dichter zu.

Der älteste unter den Annalisten ist Q. FABIUS PICTOR. Seine Lebenszeit ist ungefähr dadurch bestimmt, daß er nach der Niederlage bei Cannae (216) zum Führer einer Gesandtschaft an das Delphische Orakel bestellt wurde. Er begann seine Erzählung mit der Gründung Roms (auf 747 datiert), einschließlich deren Vorgeschichte, und führte sie bis auf seine Zeit. Er schrieb ausführlich und nicht ohne Rhetorik. Seinen Bericht von der Gründung Roms gibt Dionysios von Halikarnassos wieder, der zur Zeit des Augustus eine Römische Geschichte in griechischer Sprache schrieb und unseren Fabius auch sonst als Quelle benutzte. Polybius (S. 85), der für die Geschichte der Punischen Kriege aus ihm schöpft, erkennt seine Wahrheitsliebe an, die nur manchmal durch die Voreingenommenheit des Patrioten getrübt sei. Auch soll er die Verdienste des Fabiergeschlechtes, dem er angehörte, sehr in den Vordergrund gestellt haben; gegen die Claudier, mit denen die Fabier verfeindet waren, scheint er parteiisch gewesen zu sein.

L. CINCIUS ALIMENTUS, aus plebeischem Geschlecht, war etwas jünger als Fabius. Er war Prätor 210; im folgenden Jahr wurde er in Sizilien mit der schwierigen Aufgabe betraut, die Reste des bei Cannae geschlagenen Heeres zu kommandieren und die Disziplin wieder herzustellen. Später fiel er in die Hände Hannibals, der ihn ehrenvoll behandelte und sich mit ihm über militärische Dinge unterhielt (Liv. 21, 38, 3—5). Auch das Geschichtswerk des Cincius begann mit Roms Vorzeit und endete mit den jüngsten Ereignissen. Von dem Historiker ist ein Antiquar L. Cincius zu unterscheiden, der vielleicht ein Zeitgenosse Ciceros war.

Einer späteren Generation gehört A. POSTUMIUS ALBINUS an (cos. 151); er war ein jüngerer Zeitgenosse Catos, dessen Spott er sich durch seinen betonten Philhellenismus zuzog. Er nahm nicht nur nach Catos lateinischen *Origines* die Tradition der griechisch schreibenden Annalisten wieder auf, sondern entschuldigte sich in der Vorrede sogar für sein unvollkommenes Griechisch! Neben seinen Annalen scheint Albinus die Aeneassage in einem besonderen Werk behandelt zu haben.

Griechisch schrieb auch noch sein Zeitgenosse C. ACILIUS, der 155 bei den Verhandlungen des Senats mit einer Gesandtschaft athenischer Philosophen als Dolmetsch fungierte. In der Geschichtschreibung scheint er Freude an der Anekdote gehabt zu haben; eines der wenigen Fragmente erzählt, wie ein kriegsgefangener Römer, von Hannibal zum Zweck des Freikaufs gefangener Punier unter Eid entlassen, alsbald umkehrt, weil er etwas vergessen habe, und dann, als wäre er seines Eides entbunden, nicht mehr in die Gefangenschaft zurückkehrt (*in bonam partem* gewendet, wird daraus später die Regulus-legende).

Auch der Sohn des älteren SCIPIO hat ein geschichtliches Werk in griechischer Sprache geschrieben (Cic. Brut. 77). Erst L. CASSIUS HEMINA (um 146) und sein Zeitgenosse CN. GELLIUS brechen mit dem Griechischen; die Historiker der Gracchenzeit schreiben lateinisch.

Rein praktischen Interessen dient das juridische Schrifttum. Anfangs des 2. Jahrhunderts entstand das erste bedeutende Werk der römischen Jurisprudenz, die *Tripertita* des SEX. AELIUS PAETUS (cos. 198). Diese Sammlung enthielt neben dem Text der Zwölf Tafeln und den *legis actiones* (S. 29) auch die Rechtsauslegung *(interpretatio)*, für die sich aus den zahlreichen Rechtsbescheiden *(responsa)* bereits eine Tradition gebildet hatte. Dieses *Ius Aelianum* galt späteren Juristen als die „Wiege des Römischen Rechtes".

Viel älter als das geschriebene ist das gesprochene Wort. Die förmliche *Rede* ist aus der Öffentlichkeit der Antike nicht wegzudenken; sie war in der römischen Republik nicht weniger zu Hause als in den griechischen Stadtstaaten. Gerichtspraxis und Institutionen des staatlichen Lebens wie Senats- und Volksversammlung entwickelten jene Redetypen, die dann in der Rhetorenschule *controuersiae* und *suasoriae* hießen, und aus der alten Sitte der Leichenrede erwuchs die *laudatio* — jene drei Gattungen der Kunstrede, die die Griechen längst aus ähnlichen Voraussetzungen entwickelt und in ihrer Rhetorik formuliert hatten. Rom kannte bis ins 2. Jahrhundert weder eine Theorie der Rede noch eine systematische Ausbildung des Redners; was nicht natürliche Begabung ist, wird der Tradition und der Praxis verdankt. Das italische Temperament gab der Rede des Römers Schwung und Lebhaftigkeit, seine *grauitas* verlieh ihr Würde. Die Kunst der großen Redner Griechenlands und die Manier ihrer hellenistischen Nachfolger ist gewiß schon im 3. Jahrhundert nicht ohne Einfluß gewesen; mit dem engeren Anschluß Roms an die griechische Kultur wird dieser Einfluß stetig gewachsen sein. Aber noch war die Zeit nicht gekommen, da griechische Rhetoren die römische Jugend in die Kasuistik des Hermagoras einführten und werdende Redner zur Vollendung ihrer Kunst nach Athen und Rhodos gingen.

Literatur wird die Rede erst durch die Veröffentlichung. Das dürfte zunächst nur in seltenen Fällen geschehen sein. Wenn Appius Claudius, wie wahrscheinlich ist, seine Rede gegen den Frieden mit Pyrrhus veröffentlichte, dann tat er es als ein Manifest seiner Politik. Nichts Ähnliches ist aus der großen Zeit der Punischen Kriege bekannt, obwohl es damals an bedeutenden Rednern nicht fehlte. Der bezwingenden Rednergabe des M. Cornelius Cethegus (cos. 204) hat Ennius, der ihn hörte, ein Denkmal gesetzt (Cic. Brut. 58 ff.), doch waren seine Reden nicht veröffentlicht worden. Cicero (Cato 12) las die Leichenrede des Fabius Cunctator auf seinen Sohn und bewunderte daran die philosophische Gefaßtheit; aber die Rede konnte sehr wohl später aus dem Familienarchiv herausgegeben worden sein. Als der Volkstribun M. Naevius (184: Gelzer) den älteren Scipio Africanus anklagte, er habe sich von König Antiochus zur Gewährung eines günstigen Friedens bestechen lassen, soll Scipio es unter seiner Würde erklärt haben, den Vorwurf ernst zu nehmen; er erinnerte die Versammlung daran, daß dies der Jahrestag seines Sieges über Hannibal sei und forderte sie auf, mit ihm in feierlicher Prozession Juppiter auf dem Kapitol zu danken (Gell. 4, 18, 3 ff.; Liv. 39, 52, 3). Eine Rede dieses Inhalts war später weit verbreitet; aber Cicero sagt ausdrücklich, daß es von dem älteren Scipio keinen literarischen Nachlaß gab (off. 3, 4). Dagegen hat das Fragment einer Rede des L. Aemilius Paulus (bei Val. Max. 5, 10, 2) vor dem Volk, kurz nachdem er, gerade zur Zeit seines Triumphs (168), zwei Söhne durch den Tod verloren hatte, alle Anzeichen der Echtheit. Hier vereint sich Gesinnungsgröße mit Vornehmheit des Gedankens und einer an den Griechen geschulten stilistischen Kunst, die bei dem Mann, der die Bibliothek des Königs Perses nach Rom brachte, nicht überrascht. Auch Q. Caecilius Metellus und Ti. Sempronius Gracchus, der Vater der beiden berühmten Tribunen, waren als Redner bekannt.

Der erste, der es zur Regel machte, seine Reden herauszugeben, war Cato.

M. Porcius Cato stammte aus einem plebeischen Geschlecht. Er wurde 234 in dem latinischen Tusculum geboren. Seine Jugend verbrachte er auf dem Familiengut in dem sabinischen Reate. Er trat in die Politik als *homo nouus*, als erster seiner Familie, der sich um höhere Ämter bewarb. Als junger Mann zeichnete er sich auf mehreren Feldzügen des zweiten Punischen Krieges aus, zuletzt in der Schlacht bei Sena (207). Als Konsul (195) triumphierte er über die Spanier und als Kriegstribun des M'. Acilius Glabrio entschied er die Thermopylenschlacht gegen Antiochus (191). In der Provinzialverwaltung war er hart, doch unbestechlich; so schützte er als Prätor (198) Sardinien vor den römischen Wucherern. Der hellenisierten Nobilität begegnete er mit offener Feindseligkeit; das zeigte sich schon in seiner Quästur (205), als er den älteren Scipio nach Sizilien und Afrika begleitete (Nep. Cato 3). Es liegt eine Ironie des Schicksals darin, daß gerade er auf dem Rückweg von Afrika Ennius kennen lernte und nach Rom brachte. Wir wissen, daß Cato später politische Prozesse gegen die Scipionen führte und dem Fulvius Nobilior in einer Rede vorwarf, daß er Dichter (natürlich ist Ennius gemeint) in seine Provinz mitnehme (Cic. Tusc. 1, 3). Auch in seiner sprichwörtlich gewordenen Zensur (184), die ihm den Beinamen Censorius einbrachte, trat er nicht nur der Verschwendung im Staatshaushalt und dem um sich greifenden Luxus entgegen, sondern nahm auch die Gelegenheit wahr, den Senat von Elementen zu reinigen, die er für unerwünscht hielt. Er war ein Mann von zähem Willen, der das einmal gefaßte Ziel nicht wieder aus dem Auge ließ. Bekannt ist sein beharrliches *Delenda est Carthago*, seit er sich persönlich (152: Gelzer) von dem Wiederaufblühen der Stadt überzeugt hatte. Die Kriegserklärung hat er noch erlebt, doch nicht die Zerstörung der Rivalin; er starb Ende 149.

Daß ein Mann wie Cato zeitlebens Gegner, wenn nicht gar Feinde hatte, war unvermeidlich. Aber er war nicht klein zu kriegen. Vierundvierzigmal stand er vor Gericht und immer wurde er freigesprochen. Das verdankte er gewiß seiner starken Persönlichkeit, von der jedes seiner Worte erfüllt war. In seiner Rede verbanden sich Bauernschlauheit und Mutterwitz mit der Technik der Redefiguren, die er den Griechen — zwar ohne Finesse, aber mit um so größerer Gewähr primitiven Effekts — abgelauscht hatte. Angriff schien ihm die beste Verteidigung; selbst Cicero, der ihn verehrte, erkennt das Schelten *(uituperare)* als eine seiner hervorstechendsten Eigenschaften. Auch sorgte Cato durch die Herausgabe seiner Reden, der politischen wie der Gerichtsreden, dafür, daß sein Wort nicht vergessen werde. Cicero gibt die Zahl der ihm bekannten catonischen Reden auf mehr als 150 an; etwa 80 davon kennen wir noch aus Fragmenten. Von manchen Reden gewinnen wir ein leidlich klares Bild, z. B. von seiner Verteidigung der Rhodier (167), die der Konspiration mit Perses angeklagt waren (Gell. 6, 3). Die Fragmente bestätigen das Urteil Ciceros (Brut. 65 ff.), der dem schmucklosen Stil Catos Gedankenreichtum und klaren Aufbau, Ernst, Schärfe und Lebendigkeit nachrühmt und die fehlende Eleganz des Ausdrucks und Glätte des Satzbaus als archaische Unvollkommenheit hinnimmt. Der Vergleich mit Lysias ist freilich kaum ernst gemeint (vgl. 293 f.), aber daß kein römischer Redner vor Cato des Lesens wert gewesen sei, dürfen wir Cicero wohl glauben.

Hatte Cato mit der Veröffentlichung seiner Reden nur zur Regel gemacht, was schon vor ihm vereinzelt geschehen war, so tat er etwas völlig Neues, als er seine *Origines* in lateinischer Sprache schrieb. Bewußt stellte er sich in Gegensatz sowohl zu der trockenen Stadtchronik der Pontifices wie zu den hellenisierenden Annalen des Fabius und seiner Nachfolger. Sein Thema ist nicht „Rom und die griechische Welt", sondern „Rom und Italien". Nachdem er im ersten Buch die Geschichte Roms von der Gründung bis zum Ende der Königszeit erzählt hatte, behandelte er in Buch 2 und 3 die Ursprünge *(origines)* der italischen Städte, über die Rom allmählich seine Herrschaft ausdehnte; mit Buch 4 begann der erste Punische Krieg, Buch 5 enthielt den zweiten, Buch 6 und 7 die Zeitgeschichte bis fast auf Catos Tod. In der gesamten römischen Literatur steht den *Origines* Catos nichts Ähnliches zur Seite. Und doch ist auch dieses Werk nicht ohne die Griechen denkbar. Der Vergleich mit Herodot drängt sich schon aus der Anlage auf; auch Gründungsgeschichten italischer Städte haben Griechen vor und neben ihm geschrieben, seit der Westen in das Blickfeld griechischer Bildung getreten war. Die eigenwillige Art des Verfassers ist jedoch allenthalben zu spüren. Hat Cato den Annalisten Verherrlichung der eigenen Geschlechter vorgeworfen, so verschweigt er in seiner Geschichte grundsätzlich die Namen der Feldherrn; selbst die Heldentat des todesverachtenden Tribunen Q. Caedicius im ersten Punischen Krieg (Gell. 3, 7) war anonym erzählt; nur der brave Elephant Surus im Heer der Karthager war mit Namen genannt worden. Trotz Anonymität der Darstellung hat es Cato verstanden, das eigene Verdienst gebührend ins Licht zu stellen; sogar ganze Reden von sich hat er eingelegt.

Mit den *Origines* wollte Cato der gräzisierenden Geschichtschreibung der Annalisten eine nationale entgegenstellen; mit seinen Schriften über Landbau, Gesundheitspflege und Redekunst trat er gegen die enzyklopädischen *Technai* der Griechen auf den Plan. Für seine Darstellung wählte er die herkömmliche Form der Unterweisung des eigenen Sohnes: *Orator est, Marce fili, uir bonus dicendi peritus ... Agricola uir bonus, Marce fili, colendi peritus, cuius ferramenta splendent* (dessen Eisengerät glänzt). Der Stil ist apodiktisch wie in der alten Gesetzessprache: *rem tene, uerba sequentur* „die Sache halte fest, die Worte kommen nach". Auch über Recht und Kriegführung hat Cato geschrieben und (in Prosa) ein *Carmen de moribus* verfaßt, worin er — nicht der erste und nicht der letzte — über die schlimmen Zeiten und den Verfall der Sitten klagt.

Aus der späteren Kaiserzeit stammen die sogenannten *Monosticha* und *Disticha Catonis* (letztere nicht elegische Distichen, sondern Hexameterpaare). Trotz ihres betonten Opportunismus wurden sie im christlichen Mittelalter und in der frühen Neuzeit viel gelesen, häufig übersetzt und bearbeitet und gern als Schulbuch benützt; noch heute heißt im Spanischen die Fibel *catón*.

Catos Stellung zum Griechentum ist oft erörtert worden. Sie ist zwiespältig wie seine ganze Persönlichkeit. Hinter dem altväterischen Römer von echtem Schrot und Korn steht ein Mann, der von der Macht der griechischen Bildung tief beeindruckt und noch tiefer beunruhigt ist. Wie er meint, daß die giechischen Ärzte mit ihrer teuer bezahlten Kunst dem Römer nur Saft und Kraft rauben wollen, so sieht er in der griechischen Intellektualität eine Gefahr für den schlichten seiner selbst sicheren Sinn, ohne den es kein herzhaftes Handeln gibt. Darum bestand er auch darauf, daß die athenischen Philosophen, die 156/155 als Gesandte nach Rom gekommen waren und dort während ihres Aufenthaltes unter dem Zustrom der römischen Jugend zu lehren begonnen hatten, nach Beendigung ihrer Mission sofort die Stadt verließen; vor allem der Skeptizismus des Karneades, des Begründers der Neuen Akademie, der sich unter den Gesandten befand, mußte ihm höchst verdächtig sein. Auch wird er nie den Eindruck los, daß der Grieche auf den Römer, der es ihm gleichtun möchte, doch nur herabschaue, und dagegen empört sich sein Nationalstolz. Doch war er sich darüber klar, daß man mit der geistigen Überlegenheit der Griechen rechnen müsse und nicht vor ihr die Augen verschließen dürfe; er selbst hat noch im Alter mit Eifer griechische Studien betrieben. Der Gefahr konnte sich nur erwehren, wer versuchte, dem Fremden auf seinem eigenen Boden zu begegnen. Das hat Cato zum Begründer der lateinischen Prosa gemacht. Doch auch er ist nicht dem Schicksal entgangen, in gewissem Maße zu werden, was er bekämpfte. Die summarische Ablehnung alles Griechischen, die aus den Geboten an seinen Sohn spricht, hat etwas von „Überkompensation". Als alter Mann hat er der Ehe seines Sohnes mit der Schwester des Griechenfreundes Scipio zugestimmt. Mag sich auch für Cicero das Bild des alten Römers verklärt haben, die zurückhaltende Anerkennung griechischer Lebensweisheit im Munde seines Cato Maior ist doch nicht bloße Erfindung.

Von der reichen Schriftstellerei des Cato ist ein einziges Werk vollständig erhalten: *De agri cultura.* Es ist nicht das Kompendium, das er für seinen Sohn verfaßte; es ist eine Sammlung von Anweisungen für den Landwirt, in kunstloser Sprache und ohne strengen Aufbau im einzelnen aus griechischen Fachschriften und vor allem aus der eigenen Erfahrung zusammengestellt.

Sein mannigfaltiger Inhalt läßt sich nur andeuten. Da ist ungefähr von allem die Rede, womit das Leben auf einem Landgut zu tun haben kann: neben der Landarbeit, vom Mistführen bis zum Ölpressen, hören wir von Opfern und Gebeten, von Zaubersprüchen und Hausmedizin, von der Arbeit im Haus und von Kochrezepten. Immer wieder wird auf rationelle Bewirtschaftung gedrungen: Speise, Trank und Kleidung der Sklaven sind streng rationiert, und wer ein neues Gewand bekommt, muß das alte abgeben, denn die Lappen sind noch zum Flicken gut; schlechtes Wetter muß zur Arbeit in Haus und Hof ausgenützt werden; Vieh und Ackergerät ist sorgsam zu betreuen, aber den alten oder kränklichen Sklaven soll man verkaufen. Der Gutsverwalter *(uilicus)* ist dem Herrn für Betrieb und Ertrag verantwortlich und soll regelmäßig inspiziert und zu genauer Rechnungslegung verhalten werden. Er soll die Landarbeit verstehen, sonst hat er keine Autorität; er soll auch mit Hand anlegen, aber nicht zu viel, denn er hat anderes zu tun. Sein Weib *(uilica)*, das sein Herr für ihn aussucht, soll wenig ausgehen, nicht oft Nachbarn einladen oder sich einladen lassen, soll im Haus nach dem Rechten sehen und ihren Mann fürchten. Vorsicht muß schon beim Gutskauf walten; ein Blick auf die Nachbarn ist dabei nicht weniger wichtig als Lage und Bodenbeschaffenheit. Das Gut muß Überschuß für den Markt produzieren; darum wird hier wie in der Schrift an Marcus der Sparsamkeit im großen und kleinen das Wort geredet: *Patrem familias uendacem non emacem esse oportet* „Der Hausvater soll aufs Verkaufen aus sein, nicht aufs Einkaufen". Ertrag aus dem Landbau, heißt es gleich eingangs, ist der beste und würdigste Gelderwerb. Handel trägt mehr ein, hat aber ein größeres Risiko; Geldgeschäfte sind noch profitabler, aber nicht anständig. Da spricht der Senator, dem der Handel und erst recht das Geldverleihen durch das Gesetz verboten war.

Die kleine Schrift ist kaum Literatur zu nennen. Aber ihr italischer Sprachstil, den die Modernisierung, in der wir sie lesen, nicht hat verwischen können, und das lebendige Bild italischer Landwirtschaft im 2. Jahrhundert v. Chr., das sie vor uns ausbreitet, machen sie zu einem kostbaren Zeugnis römischer Art. Hier steht der ganze Cato vor uns: umsichtig, vorsorglich, sparsam, streng bis zur Härte und mehr um das Vieh besorgt als um den Sklaven; unsentimental als Gutsherr wie er es als Politiker war; kein Philanthrop, aber ein Mann von *common sense*, und einer in der langen Reihe der Generationen, die der Landschaft Italiens ihr Gesicht gegeben haben. Wir glauben, was ihn Cicero über seine Freude am Landleben sagen läßt. Kultur beginnt beim Bebauen des Bodens.

Literatur: F. Klingner, Cato Censorius und die Krise des römischen Volkes: Röm. Geisteswelt ^{3}(1956) 36 ff. — E. V. Marmorale, Cato maior, ^{2}1949. — D. Kienast, Cato der Zensor, 1954. — J. Hörle, Catos Hausbücher, 1929.

4 a. Die Fabula Togata

Als Reaktion gegen den Hellenismus läßt sich wenigstens teilweise auch die *Fabula togata*, die Komödie im römischen Kostüm, verstehen. Nach einer Notiz des Donat (Euanthius, De comoedia 5, 4 p. 23, 12 Wessner) hat schon Livius Andronicus die Togata „erfunden". Das können wir nicht nachprüfen. Die *Tunicularia* des Naevius war trotz ihres Titels gewiß eine Palliata (vgl. die plautinischen Titel *Asinaria, Cistellaria, Mostellaria, Vidularia)*, aber sein Ariolus (S. 34) spielte vielleicht in Italien. Unverkennbar ist bei Naevius und erst recht bei Plautus das italische Temperament und, wie immer zu deuten, das römische Lokalkolorit, doch das schafft keine neue Gattung des Dramas. Erst als sich mit Caecilius und Terenz die Palliata immer entschiedener hellenisierte, vielleicht auch der Vorrat an griechischen Stücken sich erschöpfte und Stoffe, Situationen und Charaktere sich verbrauchten, nahm der Wunsch nach einer „römischen" Komödie Form an; es ist symptomatisch, daß diese Neuerung, soweit wir sehen, in die späteren Lebensjahre Catos fällt.

Von den Dichtern der Togata kennen wir drei mit Namen: Titinius, L. Afranius und T. Quinctius Atta. Letzterer starb 77 v. Chr.; Titinius dürfte ein älterer Zeitgenosse des Terenz gewesen sein und Afranius gehört wahrscheinlich in das spätere 2. Jahrhundert. Über das Leben dieser Dichter wissen wir gar nichts. Die etwa 70 Titel und 650 Verse, die auf uns gekommen sind, geben einen allgemeinen Eindruck von Stoffen und Gestalten und lassen eben noch Titinius und Afranius thematisch und stilistisch als Individuen erkennen. Dazu kommen ein paar Grammatikerzeugnisse.

Die Togata spielt in Italien, bald in Rom, bald in der Provinz. Ihre Gestalten sind Römer oder Italiker, aber zum Unterschied von der Praetexta Personen niederen Standes; darum heißt die Togata auch *tabernaria* „Budenkomödie". Die Handlung ist frei erfunden, lehnt sich aber, wie die Fragmente zeigen, in Motiven und Situationen an die griechische Komödie und ihr römisches Gegenstück an. Leider läßt sich kaum ein Stück auch nur annähernd rekonstruieren. Bezeichnend für das heimische Milieu ist die große Rolle, die Frauen spielen, und die Tatsache, daß Sklaven nicht klüger gezeichnet werden als ihre Herren. Der Sprechvers ist der der Palliata, aber lyrische Versmaße sind selten.

Wäre uns mehr von der Togata erhalten, dann hätten wir ein umfassendes Bild vom Leben der kleinen Leute in Stadt und Land im Italien des 2. Jahrhunderts. Schon die Titel sind aufschlußreich. Da sind die kleinen Handwerker und Geschäftsleute, Tuchweber *(Fullones)*, Friseur *(Cinerarius)* und Gastwirt *(Promus)*; festliche und andere erregende Anlässe wie die *Compitalia* (das Fest der ländlichen Laren, die an den Kreuzwegen, *compita*, verehrt wurden), *Megalesia*, *Pompa* („Die Prozession"), aber auch die Auktion und der Brand (ein Stück des Afranius, unter Nero wieder aufgeführt); da ist — wie könnte es anders sein — das leidige Gericht mit Titeln wie *Depositum*, *Crimen*, *Talio* („Vergeltung"), vielleicht auch *Titulus* („Die G'schrift", wie der süddeutsche Bauer ein Rechtspapier nennt). Auch die Togata hat ihre Typen, nur andere als die Palliata: *Prodigus* (Der Verschwender), *Temerarius* (Der Draufgänger), *Simulator* (Der Simulant), bei Titinius sogar die Amateurjuristin *(Iurisperita)*. Das häusliche Leben steht sehr im Mittelpunkt: Familie und Verwandtschaft, Gesinde und Nachbarn — der Sohn, der aus der *patria potestas* entlassen ist *(Emancipatus)*, der Freigelassene *(Libertus)*, Schwestern *(Sorores)*, Vettern *(Consobrini)*, Tanten *(Materterae)*, Stiefsohn *(Priuignus)*, Schwägerinnen *(Fratriae)*; natürlich auch die feindlichen Nachbarn *(Inimici)*. In diese Sphäre gehören auch Liebesgeschichten und Heiratssachen: das entführte Mädchen *(Abducta)*, das verdächtigte Mädchen *(Suspecta)*, der Liebesbrief *(Epistula)*, der abgewiesene Freier *(Repudiatus)*, der Gerettete *(Exceptus* — wohl ein unglücklicher Liebhaber, der Selbstmord begehen wollte); der

Titel *Diuortium* erinnert daran, daß damals in Rom Ehescheidungen häufiger zu werden begannen. Der Gegensatz von Provinz und Hauptstadt (auch eine zeitlose Quelle der Komik) kündigt sich in Titeln wie *Setina, Veliterna, Brundisinae* an, die nach italischen Städten heißen.

Die Togata hatte ihren echtesten Vertreter in Titinius. Schon in seinen Titeln tritt das Provinzielle und Rustikale besonders hervor. Rustikal war auch seine Sprache; um seiner Archaismen willen ist er viel von Nonius zitiert worden. Die Fragmente haben etwas Plautinisches, aber darum muß man ihn nicht zeitlich in die Nähe des Plautus stellen; er könnte sehr wohl in bewußtem Gegensatz zu den Menandreern auf die kräftige Derbheit der älteren Komödie zurückgegriffen haben. Afranius war dagegen ein Bewunderer des Terenz, und seine Togaten zeigen dessen Einfluß: bei ihm herrschen Charaktertypen und Familienthemen vor und seine Sprache ist reiner und glatter; auch finden sich Spuren „terenzianischer" Prologe. Er machte aus der Togata ein kleinbürgerliches Gesellschaftsdrama. Damit war ihr aber gerade das genommen, wodurch sie sich von der Komödie des Terenz oder Turpilius unterscheiden wollte. Sie hat denn auch die sullanische Zeit nicht überlebt. Daran ändern weder gelegentliche spätere Aufführungen etwas noch auch der Versuch des vielseitigen C. Melissus gegen Ende der Regierung des Augustus, sie in der Form der *Trabeata,* der „Ritterkomödie" *(trabea* hieß die Festtracht der römischen Ritter) auf ein höheres soziales Niveau zu heben. Die Ritter, seit langem der „Finanzadel" Roms, waren der bevorzugte Stand des neuen Regimes. Das gab dem Experiment Aktualität, doch nicht Dauer; die Trabeata starb mit ihrem Schöpfer.

5. Der Scipionenkreis und seine Umwelt

Als Cicero in der Spätzeit der Republik sein Werk über den Staat schrieb, gab er ihm die Form eines Gespräches römischer Staatsmänner über die beste Staatsform. Dieses Gespräch läßt er am Latinerfest des Jahres 129 auf dem Landgut des jüngeren Scipio stattfinden. Da treffen wir Scipio selbst, seinen Neffen Q. Aelius Tubero, L. Furius Philus, den Juristen M'. Manilius, C. Laelius und seine beiden Schwiegersöhne C. Fannius und Q. Mucius Scaevola, Sp. Mummius und den jungen P. Rutilius Rufus; in der Unterhaltung werden auch der Philosoph Panaitios, der Historiker Polybios und der Astronom C. Sulpicius Gallus erwähnt. Rufus, den Cicero 78 als alten Mann in Smyrna kennen lernte, soll ihm den Inhalt der Gespräche mitgeteilt haben.

Cicero verlegte nach Platons Art seinen philosophischen Dialog in eine geschichtliche Situation; er wählte mit Bedacht einen Augenblick, da der römische Staat eben noch politisch auf seiner Höhe stand, und einen Kreis, in dem man sich angesichts der schon drohenden inneren Gefahr auf die geistigen und moralischen Grundlagen der eigenen Lebens- und Staatsform besinnen mochte. In jenem Kreis vornehmer, gebildeter und charaktervoller Männer sah Cicero alles das verkörpert, was er selbst am höchsten schätzte; immer wieder blickt er aus dem Chaos der eigenen Zeit auf jene Welt zurück, von der ihn nur zwei Generationen trennten und mit der ihn Männer wie P. Rutilius Rufus und Q. Mucius Scaevola noch persönlich verbanden. Aber Ciceros Heimweh gilt doch einer Idealwelt; das dürfen wir nicht vergessen, wenn wir vom Scipionenkreis reden. Der Geist dieses Kreises lebt für uns wie ihn Cicero erlebte.

In den vier Jahrzehnten vom Triumph des Paulus über Perses (168) bis zum Tod des jüngeren Scipio (129) hat Rom politisch und geistig den Zenit erreicht, in dem doppelten Sinn eines Höhe- und Wendepunktes. Im Werk des Cicero und Sallust, des Vergil und Horaz entfalten sich Kräfte, die damals frei wurden, und der Prinzipat des Augustus zieht die letzte Konsequenz aus einer politischen Problematik, die in den Erfolgen jener Zeit und deren Rückwirkung auf die Bürgerschaft wurzelt.

Die Nachfolgestaaten des Alexanderreiches waren einer nach dem andern unter römische Herrschaft gekommen; durch das Testament des Königs Attalus III. fiel 133 auch das Pergamenische Reich an die Römer; nur Ägypten bewahrte noch eine mehr nominelle als wirkliche Unabhängigkeit. Mit der Macht wuchs auch der Reichtum: seit der Riesenbeute von Pydna brauchte der römische Bürger nicht mehr Steuer zu zahlen; durch die Zerstörung Karthagos und Korinths im Jahre 146 wurde Rom zur unbestrittenen Herrin des gesamten Mittelmeermarktes; das Erbe des Attalus machte eines der reichsten und höchstzivilisierten Länder des Ostens zur römischen Provinz. Mit dem Reichtum kamen Luxus und Korruption — letztere vor allem in der Provinzialverwaltung, wo die Versuchung am größten war, doch bald auch in der Politik. Die Zeche bezahlte der italische Bauer, der durch den Verfall der kleineren Farmen infolge ständigen Kriegsdienstes und durch die Konkurrenz der Großgrundbesitzer, die nach karthagischem Muster Plantagenwirtschaft trieben, immer mehr verarmte und verschuldete; oft blieb ihm nichts übrig als sein Gut zu verkaufen und in die Stadt zu ziehen, wo das wachsende Proletariat bald eine gefährliche Waffe politischer Parteien oder ehrgeiziger Individuen wurde.

Von diesem teils glänzenden, teils dunklen Hintergrund hebt sich eine Gruppe von Männern ab, denen Macht und Reichtum, die sie für Rom gewonnen hatten, der Weg zu einem ferneren Ziel war: die Blüte der griechischen Kultur auf den festen Boden der römischen Macht zu verpflanzen und durch die Aneignung dieser Kultur ihrem weitschauenden Plan Sinn, Rechtfertigung und Wirksamkeit zu geben. Die Eroberer der hellenistischen Reiche sind durchwegs Philhellenen, von Flamininus, dem Sieger von Kynoskephalai, bis zu L. Mummius, dem Zerstörer von Korinth; und wenn die Kulturbestrebungen des letzteren mehr guten Willen als Einsicht zeigen (er soll z. B. einer Schiffsmannschaft, die Meisterwerke griechischer Kunst aus Korinth nach Italien zu bringen hatte, gedroht haben: „Wenn ihr die Dinge untergehen laßt, müßt ihr sie alle nachmachen“: Vell. 1, 13, 4) und seine Widmungsverse an Hercules Victor (Bücheler, Carm. epigr. Lat. 248) stümperhaft sind, so war sein Bruder Spurius (auch er kein großer Stilist: Cic. Brut. 94) ein Mann von Bildung, mit philosophischen Interessen, und stand dem Kreis des Scipio nahe.

Der Gebrauch des Griechischen in Wort und Schrift war für den Gebildeten längst selbstverständlich. Nicht nur für Schriftsteller wie die Annalisten; man verhandelte mit den Griechen in ihrer Sprache (nur Cato bestand auf einem Dolmetsch: Plutarch, Cato 12, 4), man redigierte für sie Senatsbeschlüsse in Griechisch, der Vater der Gracchen hielt 164 in Rhodos eine griechische Rede. Eine gewisse (und gar nicht so geringe) Kenntnis des Griechischen durfte selbst der Komödiendichter bei seinem Publikum voraussetzen, nicht nur bei der Elite, für die Terenz schrieb, sondern auch bei dem viel weiteren Publikum des Plautus.

Im Kreise der Philhellenen war man nicht damit zufrieden, griechische Dichtung in lateinischer Übersetzung oder Bearbeitung kennen zu lernen, man las die Griechen im Original. Nichts kennzeichnet einen Mann wie L. Aemilius Paulus besser, als daß er aus der Beute von Pydna für sich selbst nur die königliche Bibliothek behielt, an der seine Söhne ihren Bildungsdurst stillen konnten. War es bisher vor allem die griechische Dichtung gewesen, die Eindruck machte, so wird es jetzt mehr und mehr die Geschichtsschreibung, deren Bildungswert man zu erfassen beginnt, und, für Rom etwas völlig Neues, die Philosophie.

Nicht daß Rom bisher von philosophischen Gedanken unberührt geblieben wäre. Schon das Gedicht des Appius Claudius war nach Cicero „pythagoreisch", und einige Bekanntschaft mit pythagoreischen Lehren ist bei der Nähe der Pythagoreerkolonien Unteritaliens auch sonst anzunehmen. Von der Philosophie ist auch Menander nicht unberührt; seine Lebensweisheit ist das Erbe eines Jahrhunderts, das von Sokrates gelernt hatte, nach der geistigen und sittlichen Natur des Menschen und seiner Stellung in der Welt zu fragen. Doch beides kam dem Römer indirekt zu und wurde nur als praktische Lebensregel assimiliert. Mit der Philosophie als solcher wollte man lange nichts zu tun haben, so wenig wie mit den griechischen Mysterien. Hatte der Senat 186 durch drastische Maßnahmen den Dionysoskult in Italien unterdrückt, so wurden 173 zwei epikureische Philosophen aus Rom ausgewiesen, 161 folgte ein allgemeiner Ausweisungsbeschluß gegen Philosophen und Rhetoren, und 155 sorgte Cato dafür, daß die athenische Philosophengesandtschaft (Karneades, Kritolaos, Diogenes) sobald als möglich wieder die Stadt verließ. Auf die Dauer haben solche Maßnahmen nichts genützt. Natürlich kam es bei der Begegnung der Geister sehr darauf an, was für Männer einander gegenüberstanden.

Das entscheidende Ereignis vollzog sich im Hause des L. Aemilius Paulus. Im Jahre 167 waren tausend vornehme Achäer als Geiseln nach Italien gebracht worden. Unter ihnen befand sich der gebildete POLYBIOS, der im achäischen Bund eine politische Rolle gespielt hatte. Im Gegensatz zu den meisten seiner Schicksalsgenossen, die sechzehn Jahre lang in italischen Städten konfiniert waren, hatte Polybios das Glück, in das Haus des Paulus zu kommen. Der Feldherr machte ihn zum Erzieher seiner Söhne. Polybios erwarb sich die Zuneigung des jungen Publius (vgl. Polyb., Hist. 31, 23 = 23, 9), dessen ständiger Begleiter er wurde. Tief beeindruckt von der Größe Roms und von römischer Art, wird er in seinem Geschichtswerk, das nach dem ursprünglichen Plan bis zum Sieg des Paulus über Perses führt, ein begeisterter Verkünder der Sendung Roms. Er sieht in der Weltmacht Roms nicht so sehr das Werk der Tyche als vielmehr der römischen Tüchtigkeit und erklärt die Fähigkeit Roms zu dieser Aufgabe aus der römischen Verfassung, die er als harmonischen Ausgleich der drei wesentlichen Staatsformen (Monarchie, Aristokratie und Demokratie) versteht.

Nicht geringer war der Einfluß des PANAITIOS aus Rhodos, der einen gemäßigten, dem tätigen Leben Rechnung tragenden Stoizismus lehrte. Auch ihn finden wir in der Begleitung Scipios, so auf einer Gesandtschaftsreise nach dem Osten und nach Alexandria. Der dem praktischen Leben zugewandte Philosoph und der philosophierende Historiker haben sich durch Scipio kennen gelernt.

Das Bewußtsein geschichtlicher Sendung und eine streng fordernde Personalethik — beide aus der Stoa kommend, ohne sich ihr zu verschreiben — werden für den Römer eins in der Hingabe an den Staat. Die Vätersitte (*mos maiorum*) wird als die besondere römische Form eines allgemeinen Gesetzes erkannt. Sie verkörpert sich in dem Begriff der *uirtus*, die etwas Umfassenderes und zugleich Spezifischeres ist als „Tugend". Diese Ideenverbindung begegnet seitdem immer wieder, wo der Römer reflektierend sein eigenes Bild zeichnet.

Aber die *uirtus* allein genügt nicht mehr; sie wird eingebettet, fast möchte man sagen, „aufgelöst", in den Begriff der *humanitas*. Beide sind „Lebensbegriffe" und entziehen sich darum einer strengen Definition; aber die *humanitas* ist noch schwerer in Worte zu fassen, weil sie etwas viel Komplexeres ist. Ganz ungefähr gesagt: *humanitas* ist das volle „Menschsein" des Individuums in all seinen konkreten sozialen Beziehungen. Sie beginnt bei der gepflegten Erscheinung und Lebenskultur — Kleidung, Wohnen, Hausrat —, die die rechte Mitte hält zwischen Dürftigkeit und Luxus; zu ihr gehört die Freude am Schönen in Natur und Kunst; verständnisvolle Wertung geistiger Tätigkeit als etwas spezifisch Menschlichen; Achtung vor dem Mitmenschen und Anteilnahme an allem, was ihn betrifft; ein Sinn für das, was dem Menschen natürlich ist (hier klingt der Gedanke vom „naturgemäßen Leben" der griechischen Philosophie nach); das Bewußtsein, als ein begrenztes Wesen unter seinesgleichen und in der Welt zu stehen, und damit eine bereitwillige Annahme der Pflichten gegen Götter und Menschen — *religio, pietas, uirtus* („Religion", „Pietät", „Tugend" sind nicht wirklich Äquivalente), gegen den Einzelnen wie gegen die Gesamtheit: den Staat und darüber hinaus, so schwach sich dieser Begriff vorerst abzeichnet, die Menschheit. Ausdruck solcher Haltung ist nicht minder das gefällige Betragen und der kultivierte Gesprächston, in dem sich „Würde" mit „Anmut" paart (was das heißt, kann man aus Terenz und Cicero lernen), als etwas so Umfassendes wie das Völkerrecht *(ius gentium)*, in dem die stoische Idee der *Koinonia*, der „Menschengemeinschaft", greifbare Form erhält.

Der Begriff der *humanitas* ist neuestens viel diskutiert worden, s. Büchner, Latein. Literatur und Sprache, S. 186 ff.; F. Beckmann, Humanitas, 1952, dazu W. Schmid, Gnomon 28, 589 ff.; eben weil es sich nicht um einen abstrakten, logischen Begriff handelt, ist ihm nur dadurch beizukommen, daß man die Wörter *humanus, humanitas* usw. in ihrem konkreten Gebrauch studiert. Nochmals sei daran erinnert, daß unsere Hauptquelle für ein Verständnis des Scipionenkreises Cicero ist. Aus dem 2. Jahrhundert ist das wichtigste Zeugnis der schon erwähnte Terenzvers (S. 66). Im Zusammenhang ist er gewiß mehr „Ausdruck" als „Sentenz"; aber er klingt doch etwas programmatischer als das Menanderwort, an das er sich anlehnt („Wie erfreulich ist doch der Mensch, wenn er Mensch ist"). Auch das ist römisch.

War die Kluft zwischen Scipio und Cato wirklich so groß? Die Fragmente von Scipios Reden zeigen dieselbe Achtung vor dem Herkommen, strenge Männlichkeit, entschiedenes Auftreten gegen Luxus und Unsitte; selbst den C. Sulpicius Gallus, dessen wissenschaftliche Erklärung der Mondfinsternis vor der Schlacht bei Pydna das römische Heer vor Panik bewahrte (Plin. nat. 2, 53), hat er seiner Weichlichkeit wegen nicht ungerügt gelassen. Nur der Schwerpunkt hat sich verschoben: die alte Sitte ist nicht mehr ein apodiktisches Gebot, sondern ein als sinnvoll erkanntes Gesetz. Auch Scipios flüssiger Stil, dem es, wenn nötig, gewiß nicht an Schärfe fehlt, kontrastiert merklich mit der abrupten Art des Cato. Fannius (Historicorum Romanorum Fragm. 88) bemerkte an Scipio die sokratische Ironie; er hat das *suauiter in modo* gelernt. Cato selbst hat zwar nicht vor Scipio kapituliert, aber doch im Alter mit ihm seinen Frieden gemacht.

Zu den einzelnen Persönlichkeiten ist wenig zu sagen. P. Cornelius Scipio Aemilianus Africanus (185/184—129), Sohn des L. Aemilius Paulus und Adoptivsohn des schon als Historiker genannten Sohnes des älteren Scipio, war als Redner berühmt (Cic. Brut. 82 ff.), trat aber sonst nicht literarisch hervor. Philosophie und Literatur waren ihm vor allem ein Mittel der Charakterbildung; sein Lieblingsbuch war Xenophons Kyrupädie, der erste europäische Erziehungsroman. — Sein Freund C. Laelius, „der Weise" genannt, war nicht nur ein bedeutender Redner — viele stellten ihn sogar über Scipio (Cic. Brut. 84) —, sondern auch ein Adept der Philosophie; von seinem gemäßigten Stoizismus im Sinne des Panaitios gibt Cicero Zeugnis. Laelius war etwas älter als Scipio und überlebte ihn um mehrere Jahre. Berühmt war seine *laudatio funebris* des toten Freundes; Scipios Neffe Q. Fabius Maximus bediente sich ihrer, als er die öffentliche Leichenrede zu halten hatte. — L. Furius Philus (cos. 136) hatte nicht nur philosophische, sondern auch antiquarische Interessen; er war vor allem ein Kenner des Sakralrechts. Macrobius (3, 9, 6) zitiert (indirekt) nach ihm zwei Formeln, eine *euocatio* (Einladung an die Götter einer belagerten Stadt, den Ort zu verlassen) und eine *deuotio* (S. 26); beide sind gegen Karthago gebraucht worden. — Über die jüngeren Angehörigen des Scipionenkreises (Tubero, Scaevola, Fannius) s. S. 92 f. — Dem Kreise ferner stand Ser. Sulpicius Galba (cos. 144), der erste Redner, der bewußt Redefiguren anwendete (Cic. Brut. 82). Sein heftiges Temperament, das auch seine Sekretäre zu spüren bekamen (ebda 88), gab ihm auf der Rednerbühne mächtige Wirkung, doch verloren seine Reden beim Lesen (93 f.). — Die beiden Dichter des Scipionenkreises fallen nicht in diesen Abschnitt. Terenz war tot, als Scipio und Laelius auf der Höhe des Lebens standen, und Lucilius, etwa ihr Altersgenosse, gehört mit seiner Dichtung schon der folgenden Epoche an.

Es waren Männer von regem und offenem Geist, die sich da zusammenfanden, Römer, die den Mut hatten, sich auf das „griechische Wagnis" einzulassen, in der Überzeugung, daraus als bessere Römer hervorzugehen. Der Kreis war klein und hat nicht in die Breite gewirkt; aber er hat das geistige Leben Roms für mehr als ein Jahrhundert befruchtet. Wirkung in die Breite haben Scipio und seine Freunde wohl gar nicht erstrebt. Unter sich mochten sie griechische Wissenschaft und Philosophie diskutieren, im öffentlichen Leben sind sie traditionell und konservativ. In einem kritischen Augenblick hat sich der Feldherr Paulus wohl der astronomischen Kenntnisse seines Tribunen Gallus bedient, aber im allgemeinen hindert die eigene Aufklärung keinen daran, die hergebrachten Formen einer magisch-primitiven Religion aufrechtzuerhalten. Laelius und seine beiden Schwiegersöhne sind Mitglieder des Auguralkollegs; mit Panaitios werden sie sich zu der Ansicht bekannt haben, die später der Pontifex Q. Mucius Scaevola formuliert (Varro bei Augustin, ciu. 4, 27), daß es dreierlei Götter gebe: die Götter der Philosophen, der Dichter und des Staates.

So ist bei aller Aufgeschlossenheit das Blickfeld doch begrenzt. Der einzelne mag seinen Gedanken folgen, wohin sie ihn führen; der Kreis als Ganzes bleibt innerhalb seiner Klasse. Das gilt selbst für die *humanitas:* von den sozialen Problemen der Zeit sind die Scipionen und ihr Anhang zwar nicht unberührt; aber gegen die Reformbewegung der Gracchen haben Scipio und C. Fannius doch im Sinne der Senatspartei entschieden Stellung genommen. Der scipionische Humanismus hat als Idee weitergewirkt, aber der römische Staat stand vor einer hundertjährigen Krise. Noch im selben Jahr, in dem Cicero die Männer des Scipionenkreises zum Gespräch über den Staat versammelt, ist Scipio, vielleicht als Opfer eines politischen Mordes, gestorben. Im *Laelius* (44 geschrieben), der kurz nach Scipios Ende spielt, mischen sich in den Preis einer Freundschaft, die Zeit und Tod überdauert, düstere Ahnungen drohenden Unheils; Cicero gibt seinem Laelius etwas von der eigenen Sorge um eine bange Zukunft, läßt ihn die Zeitwende ahnen, an der er selber steht.

Der Tod des jüngeren Scipio schließt eine Epoche ab: die „hohe Zeit" der *res publica Romana* war zu Ende.

Literatur: P. Grimal, Le siècle des Scipions, 1953. — H. E. Stier, Roms Aufstieg zur Weltmacht und die griechische Welt, 1957. — R. Harder, Die Einbürgerung der Philosophie in Rom: Kl. Schriften (1960) 330 ff.

II. Von den Gracchen bis zum Tode Ciceros

A. LITERATUR ZWISCHEN REFORM UND RESTAURATION

Rom hatte die Erwartungen, die man in seinen Aufstieg setzte, enttäuscht. Die Vernichtung Karthagos und Korinths zeigte Mächte am Werk, denen für die Beherrschung des Weltmarkts kein Mittel zu brutal war; selbst dem rombegeisterten Polybios sind Zweifel gekommen. Das Pergamenische Reich, 129 als Provinz Asia eingerichtet, wurde bald der Willkür der Steuerpächter ausgeliefert. Die sozialpolitischen Reformen der Brüder Ti. und C. Gracchus, nicht ohne Verfassungsbruch errungen und mit dem Leben der beiden Tribunen bezahlt, wurden erfolgreich sabotiert; die fortdauernden Mißstände und die Korruption der wieder erstarkten Senatspartei, so vor allem im Krieg mit Jugurtha (111—105), zeitigten und nährten die Demagogie. Die *lex iudiciaria* des C. Gracchus, die die Geschworenengerichte von den Senatoren auf die Ritter übertrug, leistete der Klassenjustiz nur Vorschub. So wurde P. Rutilius Rufus, der als Beamter in Asien gegen die Steuerpächter eingeschritten war, nach seiner Rückkehr (92) von deren Standesgenossen, den Ritter-Geschworenen, wegen Erpressung angeklagt und schuldig befunden; er ging in Verbannung und verlebte den Rest seiner Tage als Gast der Provinz, die er angeblich ausgeplündert hatte.

Sklavenaufstände erschütterten den Staat von innen, der Einfall der Cimbern und Teutonen von außen. In einem gefährlichen Krieg erzwangen sich die Italiker das römische Bürgerrecht (89). Die Not der Zeit brachte den begabten Bauernsohn C. Marius aus der Gegend von Arpinum in die Höhe; er war siebenmal Konsul. Der blutige Bürgerkrieg zwischen der Volkspartei des Marius und der Optimatenpartei unter dem fast genialen L. Cornelius Sulla endete fünf Jahre nach Marius' Tod mit dem Sieg der Sullaner (82). Seit 133, als die Optimaten, geführt von dem Konsular Scipio Nasica, den Ti. Gracchus und seine Anhänger mit Knüppeln niederschlugen, sind politischer Massenmord, Proskription und Parteijustiz periodisch wiederkehrende Erscheinungen.

An der Literatur waren die führenden Politiker wenig interessiert. Marius tat sich geradezu auf seine Unbildung etwas zugute. Doch auch Sulla, der die Schriften des Aristoteles und Theophrast von Athen nach Rom gebracht hatte, der griechische Epigramme verfaßte und nach hellenistischer Mode eine umfangreiche Selbstbiographie schrieb, sah wenig Anlaß, geistige Bestrebungen zu fördern, außer wenn sie im Dienste seiner Politik standen; so wird unter ihm die Geschichte der älteren Zeit, z. B. des Ständekampfes, vom senatorischen Standpunkt neu geschrieben. Das Theater, das Sulla liebte, wird mehr und mehr eine Stätte bloßer Unterhaltung. An Dichtung entsteht wenig Großes; L. Accius (S. 67 f.) und C. Lucilius haben ihre Wurzeln noch in der Scipionenzeit; erst in der jüngeren Generation kündet sich Neues an. Nur die Redekunst kommt in der politischen Krise zur Blüte; daneben wird Geschichtschreibung und Gelehrsamkeit gepflegt. Es ist die Reifezeit der lateinischen Prosa, die sich in Caesar und Cicero vollendet.

1. Die Kunst der Rede

Die Redner der Zeit kennen wir vor allem aus der lebendigen Schilderung in Ciceros *Brutus*. Ihm lagen viele Reden noch im Wortlaut vor; Antonius, Crassus und ihre Zeitgenossen hat er selbst gehört. In diesem Licht werden auch die spärlichen Zitate lebendig.

Der Autodidakt macht dem Schüler des Rhetors Platz, und am Vorbild der Griechen formt sich nicht nur die Redekunst, sondern auch die lateinische Kunstprosa. Man lernt die Wörter sorgfältig wählen und ordnen, das Vulgäre, Archaische, Dichterische ausscheiden, den Gedanken organisieren und die Rede entweder periodisieren oder sie in Kola und Kommata gliedern, die durch rhythmische Schlüsse (*clausulae*)[1]) ins Ohr fallen; man achtet nicht nur auf wirksamen Aufbau und eindrucksvolle Behandlung der Teile, sondern ebensosehr auf Vortrag und Auftreten (*actio* — wir haben es mit Südländern zu tun).

Ti. Gracchus (Tribun 133) hatte im väterlichen Haus von einem Griechen Unterricht in der Redekunst erhalten. Er besaß natürliches Rednertalent, doch lebte er nicht lange genug, es zu entwickeln wie sein später abtrünniger Parteigänger C. Papirius Carbo (cos. 120), der es zum gesuchten Anwalt brachte. Eine viel stärkere Persönlichkeit als Redner wie in der Politik war Tiberius' jüngerer Bruder, C. Gracchus (Tribun 123, 122). Das hohe Lob seiner Redekunst aus dem Mund des konservativen Cicero (Brut. 125 f.) bestätigen die Fragmente seiner Reden: Ebenso feurig wie gebildet, Pathos mit Würde vereinend, durch seinen Lehrer Menelaos mit den Künsten der kleinasiatischen Rhetorik vertraut, konnte er seiner Wirkung stets sicher sein; auch verstand er sich auf jenen Sarkasmus, der aus der laten-

---

[1]) Uns am besten bekannt aus Ciceros Theorie (orat. 204 ff.) und Praxis (Th. Zielinski, Das Klauselgesetz in Ciceros Reden, 1904).

ten Erbitterung der Hörerschaft Funken schlägt. Es fehlte nur die letzte Feile.

In der Geschichte der lateinischen Prosa hat auch CORNELIA, die Mutter der Gracchen, ihren Platz. Aus einer Sammlung ihrer Briefe (vgl. Cic. Brut. 211; Quint. 1, 1, 6) sind durch Cornelius Nepos zwei Fragmente erhalten, beide an ihren Sohn Gaius. Neben dem Stolz und der Staatsgesinnung der Römerin steht die ergeifende Unlogik der besorgten Mutter und Witwe. Literatur ist das nicht, aber ein kostbares sprachliches und menschliches Dokument.

Unter den Gegnern des C. Gracchus finden wir den Schwiegersohn des Laelius, C. FANNIUS (cos. 122). Kriegskamerad des Ti. Gracchus vor Karthago, trat er später den Reformanträgen des Gaius scharf entgegen. Berühmt war seine Rede *De sociis et nomine Latino* (gegen den Antrag, den Italikern das römische Bürgerrecht zu geben). An seinen *Annales* rühmte Sallust die Wahrheitsliebe. — Weniger bedeutend als Redner war Scipios Neffe, der Jurist Q. AELIUS TUBERO. Lieblingsschüler des Panaitios, entwickelte er sich, dem Lehrer entgegen, zum stoischen Rigoristen. Schroff und kompromißlos wie seine Lebensart war auch seine Rede (*durus incultus horridus:* Cic. Brut. 117). Cicero kannte eine Rede des C. Gracchus gegen ihn und Tuberos Reden gegen Gracchus. — Bedeutender war M. AEMILIUS SCAURUS (cos. 115, später *princeps senatus*), bekannt als Vorkämpfer der Optimaten. Cicero vermißte freilich an seiner Rede Gewandtheit und Eingänglichkeit. Das gilt noch mehr von P. RUTILIUS RUFUS; auch ihm war wie dem Tubero sein strenger Stoizismus als Redner im Wege, so besonders in seiner Verteidigung vor dem Repetunden-Gericht im Jahre 92. Beide Männer haben auch ihre Memoiren (*De uita sua*) geschrieben, gewiß in Selbstverteidigung; vielleicht waren sie die ersten Römer, die das taten.[1]) Der Hellenismus bot auch hier Vorbilder; so war Aratos, der Feldherr des Achäischen Bundes (um 215), als Autobiograph hervorgetreten. Für Rom war solcher Individualismus neu, hat aber rasch Schule gemacht: es folgten die Memoiren des Q. LUTATIUS CATULUS (cos. 102) und des Diktators SULLA.

Zwischen den beiden Generationen scheint der Ritter C. TITIUS zu stehen. Er wird als Zeitgenosse einerseits des Lucilius (Macr. 3, 16, 14), anderseits des Antonius und Crassus (Cic.

---

[1]) Schon C. Gracchus hatte eine Verteidigungsschrift verfaßt (Cic. diu. 1, 36; 2, 62; Plut. Ti. Gracch. 1. 8), doch läßt sich nicht sagen, ob sie den Charakter von Memoiren hatte.

Brut. 167) bezeichnet. Dann kann er freilich nicht, wie Macrobius sagt, *pro lege Fannia* (161) gesprochen haben, es sei denn anläßlich eines späteren darauf zurückgreifenden Luxusgesetzes. Auch hat das lange Fragment aus jener Rede, eine drastische Schilderung des Lebens der jungen *nobiles,* nichts von den *argutiae* und der *urbanitas,* die Cicero dem Titius nachrühmt. Titius schrieb auch Tragödien, anscheinend in einem pointiert rhetorischen Stil.

In Ciceros Jugend stand das Forum im Schatten zweier Redner, die, im Vollbesitz der griechischen Technik und einer zur Reife gelangten lateinischen Prosa, dem jungen Mann das Ideal des römischen Redners zu verkörpern schienen: M. ANTONIUS und L. LICINIUS CRASSUS. Sie waren etwa Altersgenossen (Antonius cos. 99, Crassus 95); Antonius wurde 87 von den Marianern ermordet. Cicero hat nicht nur seine Eindrücke von ihrer Kunst im *Brutus* festgehalten, sondern sie auch zu den führenden Sprechern in seinem rhetorischen Hauptwerk *De oratore* gemacht. In allem, was sich lernen läßt, waren beide auf der Höhe ihrer Zeit. Antonius hatte den lebendigeren, auf das Unvorhersehbarste rasch und sicher ansprechenden Geist und einen besonders wirksamen Vortrag; auch wußte er, daß die größte Kunst des Redners darin bestehe, seine Kunst zu verbergen. Dagegen zeichnete sich Crassus, den Cicero noch über Antonius stellt, durch sorgfältige Diktion und *grauitas* aus; vor allem war er aber ein unvergleichlicher Interpret des Rechtes. Er war bekannt als Verfechter des Prinzips der *aequitas;* damit gewann er auch gegen den größten Juristen seiner Zeit, den Pontifex Q. MUCIUS SCAEVOLA (cos. 95, von den Marianern 82 ermordet), der in den meisten Ämtern sein Kollege war, die berühmte *causa Curiana,* worin er mit Erfolg die offenbare Absicht des Testators gegen den Buchstaben des Testaments vindizierte. Keiner ihrer Zeitgenossen, auch nicht der gebildete L. MARCIUS PHILIPPUS (cos. 91), dessen schlagfertiger Witz gefürchtet war, reichte von ferne an jene beiden heran. Leider ist uns von diesen Rednern nur wenig direkt erhalten. Antonius gab seine Reden absichtlich nicht heraus, „damit sie nicht als Handhabe gegen ihn benutzt werden könnten", in Wirklichkeit wohl darum, weil er wußte, daß sie ohne seinen lebendigen Vortrag nicht die gleiche Wirkung haben würden.

Literatur: Oratorum Romanorum fragmenta liberae rei publicae coll. E. Malcovati, ²1955 (mit Kommentar).

Die römischen Redner hatten sich nicht nur die Kunst ihrer griechischen Vorbilder zu eigen gemacht, sie haben von den Griechen auch die Theorie der Redekunst gelernt und immer bewußter angewendet, von Aristoteles und Anaximenes bis zu dem im 2. Jahrhundert lebenden, auf lange Zeit nachhaltig wirkenden Hermagoras von Temnos. Griechische Rhetoren, d. h. berufsmäßige Lehrer der Beredsamkeit, gab es in Rom schon vor der Mitte des 2. Jahrhunderts; ein Senatsbeschluß von 161 (Suet. rhet. 1) verfügte zeitweilig ihre Ausweisung. Das Eindringen der Rhetorik wurde damit so wenig verhindert wie durch ähnliche Beschlüsse das der Philosophie. Die Brüder Ti. und C. Gracchus hatten griechische Lehrer der Beredsamkeit; Antonius trieb rhetorische Studien in Athen, Rhodos und Kleinasien. In Ciceros Jugend war das Studium der Rhetorik bei einem griechischen Lehrer in Rom selbstverständlich. Die Volkspartei versuchte, an die Stelle des griechischen Unterrichts eine lateinische Rhetorik zu setzen, die sich an römischen Vorbildern schulte und eine lateinische Terminologie hatte; ihr erster Vertreter war ein L. Plotius Gallus (Suet. a. a. O. 2). Das Edikt der Zensoren Cn. Domitius Ahenobarbus und L. Licinius Crassus (92) hob diese Schule auf, angeblich weil sie „gegen Herkommen und Vätersitte war“, in Wahrheit gewiß aus politischen Gründen. Der Unterricht wird privat weiterbestanden haben; aber dem jungen Cicero, der den Gallus gern gehört hätte, wurde doch bedeutet, daß das nicht der rechte Ort für ihn sei. In der Tradition dieser *rhetores Latini* steht ein Lehrbuch der Rhetorik in vier Büchern, das einem C. Herennius gewidmet ist; der Verfasser ist unbekannt. Die handschriftliche Überlieferung schreibt es dem Cicero zu; es ist jedoch zweifellos das Werk eines Mannes, der es, wie die Herennii, mit den Popularen hielt, und ist wahrscheinlich zwischen 87 und 82 entstanden. Der Autor legt das System des Hermagoras zugrunde, geht aber mit Absicht den „griechischen Spitzfindigkeiten“ aus dem Wege und beschränkt sich auf das Wesentliche und Praktische; auch bedient er sich lateinischer Terminologie und lateinischer Musterstücke und Beispiele. Die Darstellung ist klar, aber die Sprache ist ungelenk. Das Verhältnis des Rhetors zu seinen Quellen und zu Ciceros Jugendwerk *De inuentione* ist noch nicht endgültig geklärt.

2. Prosaschriftsteller

Die Historiker der Gracchenzeit legen den Schwerpunkt ihrer Arbeit meist in die Zeitgeschichte. Am wenigsten tritt das bei dem ältesten unter ihnen hervor, dem L. Calpurnius Piso Frugi, der noch aus der Ära der Scipionen stammt (Tribun 149, cos. 133). Er hat einen Hang zum Rationalisieren und eine Vorliebe für naturgeschichtliche Exkurse; sein altväterischer Nationalismus verbindet ihn mit Cato. Die Darstellung ging mindestens bis zum Jahr 146; sie war sachlich und zuverlässig. Der primitive Stil, der auch Pisos Reden kennzeichnete, war nicht nach Ciceros Geschmack (*exilis* „trocken“: Brut. 106). — Ganz der Zeitgeschichte gewidmet waren anscheinend trotz ihres Titels die schon erwähnten *Annales* des Fannius. — Zeitgeschichte schrieb auch Sempronius Asellio, der unter Scipio Kriegstribun vor Numantia gewesen war (134/133); seine *Historiae*, im Alter verfaßt, reichten mindestens bis 91. In dem einzigen größeren Fragment, offenbar aus der Vorrede, erklärt er sich als pragmatischer Geschichtschreiber in der Nachfolge des Polybios.

Daneben gab es historische Monographien. So schrieb L. Coelius Antipater (nach 121) eine Geschichte des zweiten Punischen Krieges, die Livius benutzte. Sie war dem L. Aelius Stilo (S. 97) gewidmet. Antipater schöpfte aus zahlreichen Quellen, auch gegnerischen, um ein objektives Bild zu geben; auch zeigt er Interesse an Länder- und Völkerkunde, Sagen- und Mythenforschung. Er wollte ein Prosaepos schaffen; darum strebte er nach flüssiger Darstellung und bediente sich rhetorischer Kunstmittel. Cicero (de orat. 2, 54) spendet ihm ein etwas gönnerhaftes Lob (*opus sicut potuit dolauit,* er tat sein Bestes).

Ein ganz anderes Bild zeigt die Geschichtschreibung der sullanischen Zeit. Wenn auch diese „jüngeren Annalisten“ bis auf ihre Gegenwart gehen, so wenden sie sich doch wieder stärker der Vorzeit zu. Quellenforschung tritt zurück, Hauptsache wird die anziehende novellistische Darstellung. Viele der uns vertrauten Römerlegenden haben damals ihre kanonische Form erhalten. Daneben zeigt sich eine Neigung zu antiquarischem Detail, die oft täuschend echt wirkt.[1])

Die beiden bekanntesten Annalisten der Zeit, Claudius Quadrigarius und Valerius Antias sind Klienten vornehmer Geschlechter und schreiben im Dienst ihrer Patrone. Claudius, dessen Werk mit dem Galliereinfall von 389 begann, folgt stilistisch dem Coelius Antipater; wie dieser hat er selbstverfaßte Reden (und auch Briefe) eingelegt. Seine Sprache ist altertümlich. — In Valerius Antias, dessen Annales mindestens 75 Bücher umfaßten, erreicht die Unzuverlässigkeit ihren Höhepunkt, besonders in den maßlos übertreibenden Zahlenangaben seiner Schlachtberichte. Livius benutzte ihn nicht ohne Verdacht (er kontrolliert ihn stets an einer zweiten Quelle), doch lange nicht kritisch genug.

Wohl erst nach Sullas Tod wird der Optimatenfeind C. Licinius Macer geschrieben haben (cos. 74; beging 66, wegen Erpressung angeklagt, Selbstmord). Cicero weiß über ihn weder als Redner noch als Historiker Gutes zu sagen; immerhin scheint Macer dem Zeitgeist entgegen, Quellenforschung und in bescheidenem Maß Quellenkritik geübt zu haben.

In die Jahre nach Sullas Tod dürften auch die 12 Bücher *Historiae* des Optimaten L. Cornelius Sisenna (118—67) zu setzen sein. Trotz Neigung zum Romanhaften in der Art mancher Alexanderhistoriker war er eine wichtige Quelle für die Zeit Sullas, mit dessen Verherrlichung sein Werk endete, und vor allem für den Bundesgenossenkrieg. Als erfahrener Offizier interessierte er sich für Militärisches; das geht noch aus den Fragmenten hervor, obwohl die meisten kurz sind und nur wegen ihrer archaischen und eigenbrödlerischen Sprache zitiert werden. Gelegentlich scheint er anzügliche Episoden berichtet zu haben; er hat ja auch — gewiß zu Lebzeiten Sullas, es paßt zu dessen Geschmack und dem „escapism" der Literatur, die er protegierte — die *Milesischen Geschichten* eines gewissen Aristeides übersetzt, „Novellen" im Decamerone-Stil wie die Geschichte der Witwe von Ephesos bei Petron (111 f.). Sie blieben lange beliebt; noch im Jahre 53 wurden zahlreiche

1) Ein Beispiel: in der annalistischen Quelle von Livius' Bericht über den „Bacchanalienskandal" (39, 8 ff.) lassen sich die Angaben über das Ritual als authentisch interpretieren, die Maßnahmen des Senats basieren auf dem bekannten Beschluß von 186, aber die Erzählung hat deutliche Novellenzüge.

Exemplare bei den in der Schlacht von Carrhae gefallenen römischen Soldaten gefunden.

Technische Literatur. Kulturgeschichtlich interessant ist, daß der Senat nach der Eroberung Karthagos das Werk des Puniers MAGO über Plantagenwirtschaft durch eine Kommission offiziell ins Lateinische übersetzen ließ. — Aus der reichen juridischen Literatur der Gracchenzeit verdienen die drei Bücher *De iure ciuili* des M. IUNIUS BRUTUS Beachtung als erstes Werk lateinischer wissenschaftlicher Prosa in Dialogform. Es war eine Katechese zwischen Vater und Sohn wie später Ciceros *Partitiones oratoriae,* also eine Variation der *Praecepta ad filium* (S. 27).

Engere Beziehung zur Literatur hat die Philologie. Ihre Anfänge in Rom gehen auf den Pergamener Krates von Mallos zurück, der 168 als Gesandter gekommen war und während seines Aufenthalts auch grammatischen Unterricht gab. Im Gegensatz zur Textkritik der Alexandriner bemühte sich Krates besonders um die Dichtererklärung; als Stoiker interpretierte er allegorisch, sah in der Dichtung verhüllte sittliche oder wissenschaftliche Belehrung. Krates machte starken Eindruck, aber die philologischen Studien entwickelten sich in Rom nur langsam. Ihr erster Meister war L. AELIUS STILO aus Lanuvium. Er war um 150 geboren; im Jahre 100 begleitete er seinen vornehmen Freund, den Redner Q. Metellus Numidicus, ins Exil. Seinen Beinamen (von *stilus* „Griffel") erhielt er als Logograph (Verfasser von Reden für andere). Auch Stilo war Stoiker; das erklärt z. T. sein Interesse an Etymologie und Syntax. Er interpretierte die alte Literatur (z. B. Salierlied und Zwölftafelgesetz) auf breiter kulturgeschichtlicher Basis; auch um Plautus hat er sich bemüht. Seine Wirkung war groß; zu seinen Schülern zählten Varro und Cicero.

3. Die Dichtung

Zur wissenschaftlichen Philologie kommt das literarisch-philologische Lehrgedicht, vertreten durch ACCIUS mit seinen *Didascalica* und *Pragmatica,* PORCIUS LICINUS, VOLCACIUS SEDIGITUS und den 82 als Volkstribun hingerichteten Marianer Q. VALERIUS aus Sora in Latium.

Individualismus, Kritik, Parteinahme herrschen nicht nur in der Prosa der Zeit, sie sind auch wesentlich für ihre bedeutendste Dichtung, die *Saturae* des C. LUCILIUS.

Diese Dichtung steht der Prosa nahe; schon Lucilius hat, wie später Horaz, seine Satiren *sermones* genannt.[1]) Das „Genos“, das Lucilius aus früheren Ansätzen schuf — das „römischeste“ der römischen Literatur —, ist für den Mann so bezeichnend wie für seine Zeit: Lucilius ist der erste römische Dichter, der zur Gesellschaft gehört.

Das Geburtsjahr des Lucilius ist unbekannt.[1]) Sicher ist, daß er 102/101 in Neapel als alter Mann (Hor. sat. 2, 1, 34) starb und daß er unter Scipio vor Numantia (134/133) zu Pferd (Vell. 2, 9, 3) gedient hatte, wahrscheinlich in der *cohors praetoria* seines Freundes. Er kann nicht viel jünger als Africanus gewesen sein: daß er einmal den Scipio mit einem zum Knüttel gedrehten Tuch durch den Speisesaal jagte (Schol. Hor. sat. 2, 1, 71 ff.), ist doch nur bei geringem Altersunterschied denkbar. Die beiden sind wohl als Nachbarskinder aufgewachsen; die Scipionen hatten Besitz bei Suessa Aurunca, einer kleinen Latinerstadt an der kampanischen Grenze, wo Lucilius geboren war. Die Lucilii waren begütert; der Dichter besaß neben dem Familiengut ein vornehmes Haus in Rom und vermutlich Latifundien in Sizilien. Daß er das römische Bürgerrecht erhielt, ist nicht bezeugt, wohl aber anzunehmen. Sein Bruder Lucius war Senator; Pompeius war mütterlicherseits mit ihm verwandt. Der Dichter Lucilius scheint keinen Ehrgeiz gehabt zu haben, in den Senatorenstand aufzusteigen, obwohl sein Vermögen es ihm erlaubt hätte.

Lucilius war philosophisch interessierter als im Scipionenkreis üblich war. Er scheint sich längere Zeit in Athen aufgehalten zu haben; Kleitomachos, von 127/126 bis 110 Schulhaupt der Akademie, widmete ihm eines seiner Werke. Politisch hielt er zu den Scipionen, ohne doch (wenn v. 691 M. so zu deuten ist) dem Ti. Gracchus seine Achtung zu versagen. Gegen persönliche Angriffe war er empfindlich; einmal verklagte er einen Schauspieler, der gegen ihn extemporiert hatte, doch die Klage wurde abge-

---

[1]) B. Snell, Studi ital. 17 (1940) 215, leitet *satura* aus etrusk. *satr* (*satir* = *orare*) her; danach hätte *saturae* von Anfang an *sermones* bedeutet.

[1]) Die Angabe des Hieronymus, Lucilius sei bei seinem Tod 46 Jahre alt gewesen, kann nicht richtig sein. Seit M. Haupt setzt man seine Geburt meist auf 180 an (Verwechslung der Konsuln von 180 und 147); Weinreich und Knoche (S. 22) optieren für ein mittleres Datum (wenn z. B. XLVI bei Hieronymus LXVI zu lesen wäre, käme man auf 167).

wiesen (ad Herenn. 2, 19). Wie so viele Satiriker, war er kein Frauenverächter, doch überzeugter Junggeselle. Vor allem wollte er sich selbst gehören, das war ihm mehr wert als die ganze Welt (671 f. M.).

Lucilius ist erst als reifer Mann, nach der Heimkehr von Numantia, Satiriker geworden, vielleicht aus dem Gefühl, nicht in die neue Zeit zu passen. Die Satiren werden einzeln im Freundeskreis kursiert haben, bevor sie gruppenweise veröffentlicht wurden. Zwei Sammlungen, Buch 26—30 (wohl nach 123) und 1—21 (nach 26—30) der postumen Gesamtausgabe (vielleicht von P. Valerius Cato, S. 146, veranstaltet) hatte der Dichter selbst veröffentlicht; Buch 22—25 wurden aus dem Nachlaß hinzugefügt. Diese Ausgabe ist u. a. durch Cicero, Nonius und späte Grammatiker bezeugt; erhalten sind etwa 1300 Verse, darunter genug zusammenhängende Stücke, um die Persönlichkeit des Lucilius und den Charakter seiner Satire zu erkennen.

Der Inhalt mancher Bücher läßt sich noch rekonstruieren. Buch 26 scheint ein Dialog eröffnet zu haben, worin Lucilius (vgl. Hor. sat. 2, 1) seine Satirendichtung verteidigt — offenbar als „Geleitwort" zur ersten Sammlung. Die Satire ist ihm Bedürfnis, nichts kann ihn davon abbringen; als Leser erhofft er sich Leute, die nicht zu kritisch sind, aber auch nicht zu simpel. Hauptstück war anscheinend eine Satire auf den plebeischen Zensor von 131, Q. Caecilius Metellus Macedonicus: Der hatte in einer berühmten Rede (noch Augustus berief sich darauf für seine Ehegesetzgebung) die Ehe zwar als Last (*molestia*), aber zugleich als patriotische Pflicht erklärt (Gell. 1, 6, 1); in derselben Rede (a. a. O. 7—8) hatte er jene kritisiert, die für ihre Übel die Götter verantwortlich machen. Daraus wird bei Lucilius folgendes (678—686 M.):

„Menschen laden ihre Lasten, ihre Bürden selbst sich auf:
Nehmen Weiber, zeugen Kinder, um nicht sorgenfrei zu sein.
Also bin auch ich von Sinnen, beuge mich der Zeugungspflicht."

Metellus war ein Gegner des Scipio, und der Junggeselle Lucilius war mit Eifer bei der Sache. Unter den übrigen Themen des Buches fällt Tragödienparodie auf; ihr Opfer war vermutlich Accius, dessen hohen Stil und kleine Gestalt Lucilius ebenso gern aufs Korn nimmt wie seine Bestrebungen, die Rechtschreibung zu reformieren. — In Buch 28 war ein Gastmahl athenischer Philosophen geschildert (vgl. Plutarchs „Gastmahl der Sieben Weisen"), aber auch ein römisches Liebesabenteuer, bei dem es ganz wie in der Palliata zugeht (es wird z. B. ein Haus erstürmt). Einen ähnlichen Vorfall enthielt Buch 29; auch zeichnet sich noch ein Dialog ab, worin ein *puer delicatus* es dem einstigen Liebhaber etwas übel zu nehmen scheint, daß er es jetzt mit den Weibern hält. — Buch 30 hat einen bunten Inhalt: Da ist die Fabel vom Fuchs und Löwen, das Porträt eines Mannes, der Wachs in den Händen seiner eitlen und betrügerischen Frau ist, Polemik gegen einen Komödiendichter, Schilderung eines Gastmahls, und — vielleicht — ein Seitenhieb auf die Zerstörung der Bündnerstadt Fregellae, 125. Letzteres wäre gewiß im Sinne Scipios, der zu Lebzeiten für die Italiker eingetreten war; ihm gelten wohl auch die Verse 1079 ff., ein Nachruf auf einen großen Feldherrn und Freund der Bundesgenossen.

Buch 1 schildert mit epischer Parodie (Naevius, Ennius) eine Götterversammlung, in der aus Sorge um Rom der Tod des L. Cornelius Lentulus Lupus beschlossen wird, der, 154 wegen Erpressung verurteilt, dennoch 131 *princeps senatus* geworden war; unter den Rednern ist der vergöttlichte Romulus, der über den Sittenverfall bei seinen Nachkommen klagt. Die Satire muß bald nach dem Tod des Lupus (123?) entstanden sein. — Buch 2 ist eine Gerichtsverhandlung: T. Albucius hatte 119/118 den Q. Mucius Scaevola wegen Erpressung und anderer Schandtaten während seiner Prätur in Asien (121/120) verklagt, doch Scaevola wurde freigesprochen. In dem einzigen längeren Fragment dieses Buches erzählt Scaevola, wie er in Athen als Prätor den Albucius wegen seiner Gräkomanie verhöhnte. Lucilius scheint die Prozeßgegner auch als Stoiker und Epikureer gegeneinander ausgespielt zu haben. — Buch 3, die „Sizilische Reise", hat Horaz zu seinem *Iter Brundisinum* (sat. 1, 5) angeregt. Die Parallele wie das Eigene der beiden Dichter läßt sich noch bis ins einzelne verfolgen. Lucilius reist mit Begleitung, bis Capua zu Lande, dann zur See. Sein Bericht gibt sich als Brief an einen Freund, der eine ähnliche Reise plant. Als Episoden sind ein Gladiatorenkampf und die Einkehr bei einer syrischen Wirtin kenntlich. — Aus den späteren Büchern wird nicht so viel zitiert, aber ihr Inhalt war nicht weniger vielfältig: Vorwürfe an einen Freund, der den kranken Dichter zu besuchen versäumte (B. 5), Schilderung eines Geizigen, der seinen Geldsack Tag und Nacht nicht aus der Hand läßt (B. 6), die Toilette einer Hetäre namens Phryne (B. 7), Sprach- und Literaturkritik (B. 9), Spott über Aberglauben (B. 15), das geschmacklose Gastmahl des Ausrufers Granius (B. 20; vgl. Horaz sat. 2, 8 und

Petrons *Cena Trimalchionis),* sittliche Ermahnungen, darunter die ohne Buchzahl von Lactanz zitierten Verse über die *uirtus* (1326 ff. M.); ein ganzes Buch handelte von Lucilius' Freundin Collyra. Politik und Krieg sind nicht vergessen: der von Iugurtha bestochene L. Opimius (daher „Iugurthinus") war in Buch 11 genannt und Buch 14 erzählt von einem Feldherrn in Spanien und seinem Quästor P. Pavus, die sich gegenseitig übereinander beklagen.

Die Sprache des Lucilius ist überaus kraftvoll und lebendig, das Wort sitzt wie ein Hieb. Aber wie ihm jeder Hieb recht ist, wenn er nur trifft, so ist er auch in der Sprache nicht wählerisch. Er will kein Purist sein; er schreibt die Alltagssprache (*sermo cotidianus*), manchmal auch den Kasernenjargon (*sermo castrensis*); mit einer an Plautus erinnernden Freiheit und Unbekümmertheit mischt er Griechisch und Lateinisch. Das Derbe und gelegentlich Obszöne gehört zur Gattung, und Lucilius würde viel von seiner Wirkung einbüßen, hätte er darauf verzichtet. Aber die Kritik des Horaz, der sich an dem ungeformten, im rohen Zustand belassenen Einfall, an der improvisierten, ästhetischer Selbstkritik ermangelnden Form stößt, ist nicht unberechtigt. Vor der Genialität des Satirikers hat sich Horaz gebeugt; in seinen *Sermones* hat er sich oft mit Lucilius auseinandergesetzt (sat. 1, 4. 10; 2, 1), hat auch lucilische Motive in seinem urbaneren Satirenstil nachgebildet. Doch gab es Leser, die den Lucilius dem Horaz vorzogen (Tac. dial. 23), ja ihn überhaupt für den größten römischen Dichter erklärten (Quint. 10, 1, 93); jedenfalls steht die spätere römische Satire, nicht nur die „mennippeische" des Seneca und Petron, sondern auch die des Iuvenal, dem Lucilius näher als dem Horaz.

In den ältesten Büchern (26—29) verwendet Lucilius noch, wie Ennius vor ihm, verschiedene Versmaße (iambische Senare, trochäische Septenare), seit Buch 30 ausschließlich den Hexameter, der nunmehr für die poetische Satire kanonisch wird. Das elegische Distichon auf einen Sklaven (579 f. M.) in Buch 22 stammt aus dem Nachlaß; es war wohl kaum für die Satirensammlung bestimmt.

Dem Horaz (sat. 1, 10, 48) galt Lucilius als „Erfinder" der Satire. Gewiß kannte Horaz die *Saturae* des Ennius, wohl auch die uns nicht mehr faßbaren des Pacuvius; er wird gewußt haben, daß es von Naevius und Pomponius Stücke mit dem Titel *Satura* gab. Aber erst Lucilius hat die Satire zu dem gemacht, was sie seither war. Übernommen ist das Vielerlei („Potpourri") der Metren und Themen; ersteres hat er bald aufgegeben, letzteres beibehalten. Die Vielfalt des Inhalts, der ungezwungene Übergang von einem Gegenstand zum andern ist für die Satire, besonders die römische, bezeichnend; das gibt ihr den Plauderton, macht sie zum *sermo*. Die Beschränkung auf den Hexameter schloß Möglichkeiten stilistischer Differenzierung innerhalb einer einheitlichen Form in sich, die Lucilius kaum ahnte; erst Horaz hat sie bis zum Letzten ausgewertet. Stofflich hat Lucilius die Satire so abgegrenzt, daß ihr bunter Inhalt doch zur Einheit wird. Es ist, mit den Griechen zu reden, das *iambikón eídos* im weitesten Sinn — Spottdichtung aller Art, die letzten Endes erziehen will: gutmütiger Humor und bitterer Sarkasmus, Selbstironie und Invektive, lächelnde Lebensweisheit und die „Kapuzinerpredigt" des kynischen Popularphilosophen. Diese ernst-heitere Kunst *(spoudogéloion)* kann manchmal einen höheren Ton anschlagen wie in Lucilius' Ermahnung zur *uirtus*, aber meist neigt sie zum *ridentem dicere uerum*. Sie verwendet gern die Dialogform, die den Iamboi und ihren Verwandten auf der ganzen Erde eigen ist.

Die römische Satire konnte trotz der Anregungen, die ihr aus dem Griechischen kamen, an heimische Tradition anknüpfen. Von der Komödie des Eupolis, Kratinos und Aristophanes (Hor. sat. 1, 4, 1) ist sie so verschieden wie von den Iamboi des Archilochos oder des Kallimachos, wenn auch allen der persönliche Angriff gemeinsam ist. Römisch wie ihr Name ist auch ihr Geist und Stil. Der Kreis, dem ihr Erfinder angehört, hat die römische Art am bewußtesten verkörpert; die lucilische Satire ist das letzte Wort jenes Kreises an eine neue Zeit.

Literatur: Maßgebend für Text und Erklärung ist F. Marx, Lucilii carminum reliquiae, 2 Bde, 1904—1905; sehr wertvoll auch E. H. Warmington, Remains of Old Latin, 3: Lucilius, [2]1957 (mit engl. Übersetzung u. Anmerkungen). — C. Cichorius, Untersuchungen zu Lucilius, 1908. — A. Kappelmacher, RE 13, 1617 ff. — M. Puelma Piwonka, Lucilius und Kallimachos, 1949 (anregend, problematisch). — I. Mariotti. Studi Luciliani, 1960 (bs. Sprache u. Stil).

Das *Theater* begann von seiner Höhe herabzusinken. Die großen Dramatiker des 2. Jahrhunderts wurden bereits als

„klassisch“ empfunden; man führte ihre Werke wieder auf, vielleicht besser als zu Lebzeiten, aber es gab keine Dichter mehr, die ihnen ebenbürtig waren. Der letzte Meister der Palliata, Turpilius, der ähnlich wie Terenz enge Anlehnung an die griechischen Vorbilder mit Freiheit im einzelnen vereinte, starb 103 in hohem Alter. Nur Accius, dessen *Tereus* um 104 aufgeführt wurde, wirkte bis in die sullanische Zeit. Neben die Togata, die sich sehr der Palliata nähert, tritt mit Novius und L. Pomponius aus Bononia eine literarisch entwickelte Form der oskischen Posse, der *Atellane*. Das paßt in die Generation des Bundesgenossenkrieges. Auch die Atellane hat ihr höheres Niveau damit bezahlt, daß sie sich den akzeptierten Lustspielformen, Palliata und Togata, anglich; das zeigen Titel und Fragmente, nur der Ton war derber. Interessant ist der Titel *Mortis et uitae iudicium* (Novius); das volkstümliche Thema ist uns schon in den *Saturae* des Ennius begegnet. Sulla liebte die Atellana und förderte sie als unterhaltende Ablenkung; der Sammler Nonius hat sie wegen ihrer plebeischen Sprache studiert. Bald erhielt die Atellane einen Rivalen im literarischen Mimus, der zur Zeit Caesars die Bühne beherrschte.

Noch unter Sulla schrieb Cn. Matius Mimiamben, realistische Sketche in der Art des Herondas. Gellius zitiert etwa ein Dutzend Verse; die Sprache ist originell (volkstümlich, doch nicht vulgär), und die wenigen Proben überraschen durch Reichtum an Themen und Ausdrucksnuancen.

Matius hat auch die Ilias ins Lateinische übersetzt; soweit wir sehen, in engem Anschluß an das Original und nicht ohne Sinn für den homerischen Stil. — Ein originales Epos war das wenig bekannte *Bellum Histricum* des Hostius (wahrscheinlich der istrische Feldzug des C. Sempronius Tuditanus, 129); es scheint sich in der von Ennius geschaffenen römisch-homerischen Tradition gehalten zu haben.

Neu ist die Pflege hellenistischer Kleinformen. Von Q. Lutatius Catulus (cos. 102) sind zwei *Epigramme* in Distichen überliefert; beide gehören zur *moûsa paidikḗ*. Das Thema des ersten, dem Kallimachos nachgebildet, ist das „vorrei e non vorrei“ des Liebenden; im zweiten wird der aufgehende „Stern“ des jungen Schauspielers Roscius über die aufsteigende Aurora gestellt. Erotische Epigramme kennen wir auch von Valerius Aedituus, Pompilius und Porcius Licinus; diese spielerische Dichtung war also bereits Mode. — Anspruchsvoller waren die *Erotopaegnia* des Laevius in verschiedenen lyrischen Maßen; er nahm seine Stoffe aus der Mythologie. Unter den Titeln sind

Doppelnamen wie *Protesilaodamia* oder *Sirenocirca*. Sein *Phoenix* war (wie z. B. Theokrits *Syrinx*) ein Figurengedicht: das Schriftbild des Gedichtes hatte die Form eines Flügels. — Aus dem *Moretum*[1]) eines SUEIUS zitiert Macrobius acht Verse, die mit dem gleichnamigen Idyll in der Appendix Vergiliana nicht eben vorteilhaft kontrastieren. In solchen Versuchen kündet sich die Schule der Neoteriker an.

B. CICERO UND SEINE ZEIT

Nicht nur der Literarhistoriker darf die Jahre zwischen Sullas Diktatur und dem zweiten Triumvirat (82—43) als das Zeitalter Ciceros bezeichnen. In Cicero vollendet sich die Kultur einer Epoche. Kein Geringerer als Caesar hat dem Gegner zugestanden, er habe sich um Roms Namen und Würde mehr verdient gemacht als alle Triumphatoren (Plin. nat. 7, 117; vgl. Cic. Brut. 253, 255). Selbst aus dem politischen und sozialen Leben der Zeit, für dessen bewegende Kräfte ihm der Blick, zu dessen Gestaltung ihm die Kraft fehlte, zwischen dessen Parteien er ewig schwankte, weil die Erfahrung so anders war als die Idee, ist Cicero nicht wegzudenken. Seine Person verbindet die Scipionenzeit, deren jüngste Vertreter er noch kannte, mit der augusteischen, deren führende Männer in seinen späteren Jahren heranwuchsen; an einem Wendepunkt der Geschichte verkörpert er geschichtliche Kontinuität; unter den Zeitgenossen ist er Mittler zwischen den Extremen. Und wenn er schließlich als Opfer für eine verlorene Sache stirbt, so hat er in Gedanken und Wort doch einer neuen Ordnung, die er nicht hinnehmen konnte, die Formeln geprägt, deren sie sich — umdeutend — bediente, und das Klima geschaffen, in dem sie gedeihen konnte.

Sullas Hoffnung, den Römern „peace in our time" gegeben zu haben, sollte sich nicht erfüllen. Kurz nach seinem Tod (78) begannen die Wirren aufs neue; in zwölf Jahren war von seiner Gesetzgebung nichts mehr übrig. Die Mißwirtschaft in den Provinzen ging auch nach dem Massaker

[1]) „Mörsergericht", eine Bauernspeise: Knoblauch und andere Kräuter wurden in einem Mörser zerrieben und mit weichem Käse, Essig und Öl angemacht.

der Italiker in Asien (88) weiter. Sertorius' Versuch, in Spanien einen selbständigen Staat nach römischem Muster zu gründen, der den Weg vom Kolonialreich zum Commonwealth hätte weisen können, wurde in einem langwierigen Krieg (80—72) unterdrückt. Äußere und innere Gefahren nötigten den Senat, dem ebenso ehrgeizigen wie strategisch begabten Pompeius ein Kommando nach dem andern zu geben; senatorische Intransigenz, eben der catilinarischen Krise entronnen, trieb den von beispiellosen Erfolgen im Osten heimkehrenden General in die Arme Caesars, des Hauptes der Popularen. Der Bund konnte nicht Bestand haben. Der Sieg im Bürgerkrieg gab Caesar freie Hand; in seinen großen Plänen unterschätzte er nur eines: die republikanische Opposition, der er zum Opfer fiel. Es bedurfte neuer Bürgerkriege, um eine resignierte Welt dahin zu bringen, Ruhe und persönliche Sicherheit der Freiheit vorzuziehen. Vor dieser Szene spielen Ciceros Mannesjahre.

1. M. Tullius Cicero

Cicero ist der einzige Römer der klassischen Zeit, von dem sich eine echte Biographie schreiben läßt. Quellen sind die zahlreichen Selbstzeugnisse in seinem Werk, Biographien von Zeitgenossen (Atticus, Nepos, Tiro) — uns nur aus Späteren, z. B. Plutarch, bekannt —, vor allem aber Ciceros etwa zur Hälfte (über 800 Stück) erhaltene Korrespondenz von 68 bis kurz vor seinem Tod. Diese war zunächst in Einzelsammlungen aus den Archiven Ciceros und seiner Freunde veröffentlicht worden (Briefe an Pompeius, Caesar, Octavian, an seinen Bruder Quintus, an seinen Sohn Marcus, an Cornelius Nepos usw.); dazu als Ergänzung die Briefe *ad familiares.* Als Herausgeber darf Ciceros Privatsekretär, der Freigelassene M. Tullius Tiro, gelten. Von dieser Ausgabe sind die 16 Bücher *ad familiares* (darin 90 Briefe anderer an Cicero) und die 3 Bücher *ad Quintum* erhalten; ein Brief an Octavian, angeblich aus Ciceros letzten Tagen, ist unecht. Noch aufschlußreicher sind die Briefe an Atticus; sie wurden wohl erst hundert Jahre nach Ciceros Tod (zwischen Asconius Pedianus und Seneca) in 16 Büchern veröffentlicht. Die geistreiche These von J. Carcopino (Les secrets de la correspondence de Cicéron, 2 Bde, 1947), Atticus habe diese Briefe um 33 unter dem Druck Octavians in kompromittierender Absicht herausgegeben und den toten Freund mit „epikureischer Gewissenlosigkeit" um persönlichen Vorteils willen verraten, hat vor allem in Deutschland und England wenig Glauben gefunden.

Aus diesen Briefen tritt uns der ganze Mensch entgegen. Wir erleben mit ihm jedes leise Schwanken der politischen Lage, die ganze Skala von Furcht und Hoffnung im Auf und Ab seiner Karriere, seine Eitelkeit im Erfolg, seinen Kleinmut im Unglück, erkennen aber auch seine ernste, vornehme Gesinnung und seine aufrichtige Sorge um Staat und Volk. Wir sehen den Autor am Werk, wie er Pläne faßt und verwirft, ausführt und ändert. Wir finden einen Menschen, der mit warmer Liebe an Familie und Freunden hängt, der auch um die Sklaven seines Haushalts besorgt ist. Wir lernen die fast übermenschliche Anstrengung verstehen, mit der ein *homo nouus* seinen Platz in den führenden Kreisen erringt und behauptet; die drückende Standesnotwendigkeit für den Mann von mäßigem Vermögen, über seine Verhältnisse zu leben. Vor allem aber spricht ein ungewöhnlich reger Geist zu uns, der sich aus Literatur und Kunst, Philosophie und Wissenschaft Kräfte holt für ein tätiges Leben, das ihm Herkommen und philosophische Überzeugung zur Pflicht machen. Als Politiker ist er ein Mann des Wortes; seine Bildung steht im Dienst des Redners.[1])

Cicero stammte aus einem wenig bekannten Geschlecht des ländlichen Ritterstandes. Er wurde in Arpinum, der Heimat des Marius, am 3. Januar 106 geboren. Der Knabe wuchs in bescheidenem Wohlstand auf, in einer häuslichen Atmosphäre von gütiger Strenge, konservativer Gesinnung und puritanischer Lebensführung. Sein Vater schätzte griechische Bildung; ein Stoiker namens Diodotos stand der Familie nahe. In diese Tradition ist Marcus — fast allzu willig — hineingewachsen.

Seine höhere Erziehung erhielt Cicero in Rom. Sie stand im Schatten der letzten Überlebenden der Scipionenzeit; er studierte bei L. Aelius Stilo, hatte Gespräche mit dem Tragiker Accius, und schloß sich besonders den beiden als Juristen berühmten Scaevolae an, erst dem Augur, nach dessen Tod dem Pontifex. Bei dem Augur Scaevola lernte

---

[1]) Kommentierte Ausgabe aller Briefe in chronologischer Ordnung: R. Tyrrel-L. Purser, The Correspondence of Cicero, 7 Bde, $^{2-3}$1890—1904.

Cicero den T. Pomponius Atticus kennen; mit ihm schloß er eine Freundschaft fürs Leben. Bald wurde Scaevolas Schwiegersohn, der große Redner L. Crassus, auf Cicero aufmerksam. Die Reize der Großstadt waren an dem strebsamen jungen Mann verloren; er war erfüllt vom Eifer, zu lernen, und von dem Ehrgeiz, im öffentlichen Leben eine Rolle zu spielen. Nicht ohne Stolz sagte er später von sich, er habe alle Ämter *suo anno,* im gesetzlichen Mindestalter, bekleidet. Den stärksten Einfluß auf Ciceros rednerische Bildung hatte Apollonios Molon aus Rhodos, der damals in Rom weilte. Schon in einem Jugendwerk verlangt Cicero vom Redner auch *sapientia* — allgemeine, besonders philosophische Bildung. So sehen wir Cicero früh mit philosophischen Studien beschäftigt. Er hört bei dem Epikureer Phaedrus, der ihm wenig Eindruck macht, bei dem Akademiker Philon von Larisa, später in Griechenland und Kleinasien bei dem berühmten Stoiker Poseidonios und dem Eklektiker Antiochos von Askalon. Auch die Literatur vernachlässigt er nicht; neben der Tragödie und Komödie liebt er den Lucilius, vor allem aber „unseren" Ennius.

Noch unter Sulla (80) verteidigte Cicero den jungen Sextus Roscius aus Ameria, der des Vatermords angeklagt war.

Der politische Hintergrund der falschen Anklage lag auf der Hand; aber da Chrysogonus, der mächtige Günstling Sullas, dahinter stand, wagte keiner der bekannten Anwälte, für Roscius einzutreten. Cicero, politisch noch nicht gebunden, übernahm die Verteidigung. Geschickt scheidet er Sulla, den Retter des Staates, von seinen Kreaturen, in deren Gesellschaft die wirklichen Mörder zu finden seien, und führt den Richtern eindringlich das traurige Los des verwaisten, vom Heim vertriebenen, nun gar mit einer grausamen Todesstrafe bedrohten Roscius vor Augen. Trotz jugendlichem Überschwang (orat. 107 f.) hatte die Rede großen Erfolg und erwirkte den Freispruch des Klienten. Interessant ist, daß Cicero schon hier neben dem Preis von Sullas Restauration eindrucksvolle Worte für das unheimlich Beklemmende der Proskriptionen findet.

Noch fühlte sich Cicero nicht Meister seiner Kunst. Er neigte zum Übermaß in Ausdruck und Stimmaufwand.

Um Stil und Technik zu vervollkommnen, ging er 79—77 nach Griechenland und Kleinasien. Vielleicht war auch der Boden Roms dem Verteidiger des Roscius zu heiß geworden. Er trieb neuerdings ernste Studien bei Molon; auch Philosophie studierte er eifrig weiter. In Smyrna machte er die Bekanntschaft des berühmten Rutilius Rufus (S. 92).

Seit 76 (Rede *pro Roscio comoedo)* war Cicero wieder in Rom als Anwalt tätig. Während seiner sizilischen Quästur (75) gewann er das Vertrauen der Bevölkerung. Auch für seine geistigen Interessen fand er Zeit. Noch im Alter (Tusc. 5, 64 ff.) erzählt er mit stolzer Freude, wie er das von den Syrakusanern vergessene, von Gestrüpp überwachsene Grabmal des Archimedes wieder entdeckte. Daß er im Rathaus von Syrakus griechisch sprach, haben ihm reaktionäre Optimaten wie L. Metellus übel genommen. Beim Abschied empfahl er sich den Siziliern als Patron; er sollte bald Gelegenheit haben, Wort zu halten. Im Jahr 70 mußte sich C. Verres, der 73—71 als Proprätor die Bewohner Siziliens schamlos ausgeplündert und drangsaliert hatte, wegen Erpressung verantworten. Cicero, damals Bewerber um die Ädilität, sicherte gegen den von Verres' Freunden vorgeschobenen Q. Caecilius seine Bestellung zum Ankläger. Unter dem Druck überwältigender Belastungszeugnisse, die Cicero nach kurzer Einleitung vorbrachte, verzichtete selbst der berühmte Q. Hortensius auf eine formelle Verteidigung seines Klienten. Verres begab sich noch vor der zu erwartenden Verurteilung freiwillig ins Exil. Damit war Cicero zum ersten Redner Roms geworden. Um diesen Ruf zu befestigen, veröffentlichte er weitere fünf Reden gegen Verres aus dem ungeheuren, im Prozeß nicht verwerteten Beweismaterial.

Wieder tritt der konservative Cicero gegen Mißstände des konservativen Regimes auf. Zur Pflicht des Patrons tritt freilich der Ehrgeiz des Redners und die Sorge für seine politischen Chancen. Das „Dossier" gegen Verres ist zur Gänze erhalten: die *Diuinatio* (Entscheidung über die Wahl des öffentlichen Anklägers), die Anklagerede *(Actio prima)* und die fünf nicht gehaltenen Reden (unzutreffend *Actio secunda* genannt), darunter — kulturgeschichtlich interessant — *De signis*, über die von Verres aus Privatbesitz und sogar aus Tempeln geraubten Kunstwerke.

Der Aufstieg in die politische Oberschicht war für Cicero nicht leicht. Die *nobiles* sahen auf den *homo nouus* herunter, verachteten wohl auch seine Bildung, trugen aber kein Bedenken, sich des wortgewaltigen Idealisten, der ihr Spiel weder spielen konnte noch wollte, zu bedienen. Es brauchte den Ehrgeiz und die zielbewußte Energie Ciceros, unbeirrt weiter zu gehen. Im Jahr 67 wurde er zum Prätor gewählt; damals hatte er eben das erste seiner Landgüter, sein geliebtes Tusculanum, erworben. Das war gewiß eine Demonstration der hart erkämpften politischen und sozialen Stellung, aber zugleich ein Bekenntnis zu dem Tusculaner Cato, der für Cicero zum Symbol des echten Römers wurde. Als Prätor (66) sprach Cicero für den Antrag des Tribunen C. Manilius, das Kommando des Pompeius auf ganz Asien auszudehnen. Cicero bedurfte der Freundschaft des mächtigen Mannes; seine einstigen Standesgenossen, die Ritter, sahen ihre Interessen in Asien durch die laue Kriegführung der Optimaten gegen Mithradates bedroht. Unter Ciceros Prätur fallen auch die Anfänge der Verschwörung Catilinas. Drei Jahre später, als die Catilinarier zum Losschlagen bereit waren, ist Cicero Konsul: er steht am Ziel seiner Wünsche. Daß er die Verschwörung aufdeckte und unterdrückte, war der Höhepunkt, aber auch der tragische Wendepunkt seines Lebens.

Im Bewerbungsjahr 64 erlebte Cicero den Tod des Vaters, die Geburt seines Sohnes Marcus und die erste Heirat seiner damals dreizehnjährigen Tochter Tullia (mit C. Piso). Sein Bruder Quintus, der ihm trotz mancher Meinungsverschiedenheit zeitlebens nahestand, schrieb für ihn den Traktat über die Konsulatsbewerbung (*Commentariolum petitionis consulatus*) — ein lehrreiches Bild der politischen Zustände. Cicero hat manche Gedanken der Schrift in seine Bewerbungsrede (*In toga candida*) übernommen.

Unter den Konsulatsreden sind am bekanntesten die vier gegen Catilina. Sicher die erste, und z. T. die dritte, sind nicht so gehalten worden wie Cicero sie später herausgab. Die berühmte erste Rede (*Quousque tandem ...*) war eine Improvisation; wir lesen sie als formvollendetes Kunstwerk. Im Augenblick der Gefahr hatte Cicero alle, denen am Bestand der Ordnung lag, auf seiner Seite; aber sein Einigungsprogramm (*concordia ordinum,* die platonische Forderung des harmonischen Zusammenwirkens der Stände) war gegen die politische Spannung nicht zu verwirklichen.

Drei Jahre später fand sich der Retter Roms (*pater patriae*) isoliert. Die Optimaten, durch sein Hinneigen zu Pompeius verstimmt, schwiegen ihn tot; seine alten Gegner, die Popularen, hatten in dem verfassungsmäßig bedenklichen Todesurteil gegen führende Catilinarier etwas wie eine Handhabe gegen ihn. Cicero machte krampfhafte Versuche, den Bann zu brechen, doch er hatte keine glückliche Hand und der Erfolg blieb aus.

Zunächst sah sich Cicero nach literarischen Propagandisten um. Schon die Rede für das angefochtene Bürgerrecht des Griechen Archias (62), mit Recht berühmt als Zeugnis der *humanitas Ciceroniana,* sollte den in vornehmen Kreisen gern gesehenen Dichter für eine Verherrlichung von Ciceros Konsulat gewinnen. Noch im Jahre 56 sucht Cicero den Historiker L. Lucceius (Autor von *Annales*) zu einer panegyrischen Geschichte seines Konsulats in hellenistischer Manier zu bereden (epist. 5, 12 — wichtig für die Theorie der hellenistischen Geschichtschreibung). Es blieb bei Versprechungen; Cicero mußte seine Sache selbst führen. In den Jahren 60—59 gab er seine (revidierten) Konsulatsreden heraus; er verfaßte einen griechischen Rechenschaftsbericht (*Hypomnema*) seines Konsulats, dem eine „Geheimgeschichte" (*De consiliis*) folgte; und da kein Dichter ihn preisen wollte, dichtete er sein eigenes Enkomion: *De suo consulatu,* gefolgt (um 55) von *De temporibus suis,* in je drei Büchern. Die Geschmacklosigkeit poetischer Selbstverherrlichung ging sogar den an Selbstlob gewohnten Zeitgenossen auf die Nerven; der unvorsichtige Vers *Cedant arma togae, concedat laurea laudi* („Waffen, weichet der Toga, der Lorbeer weiche dem Lobe") ließ sich nur zu leicht gegen den Autor ausspielen.

Außer diesen beiden Epen und dem bei Terenz (S. 64) genannten *Limon* („Wiese", der Titel besagt dasselbe wie *Saturae*) verfaßte Cicero u. a. ein (verlorenes) Epos *Marius* und eine

Nachdichtung der *Phainomena* („Himmelserscheinungen") des stoischen Astronomen Aratos († 240). War Cicero auch von Natur kein Dichter, so geben ihm die Aratea, die Rede der Urania aus *De consulatu* II (diu. 1, 17 ff.) und die Übersetzungen griechischer Dichterstellen in den Prosaschriften doch einen Platz in der Entwicklung der lateinischen Verstechnik und Dichtersprache.

Pompeius, vom Senat schroff abgewiesen, hatte mit den Führern der Populares, Caesar und Crassus, das „Triumvirat" des Jahres 60 geschlossen. Damals begann Caesar um Cicero zu werben, doch dieser verhielt sich reserviert. Er hatte bald dafür zu leiden. Auf Grund eines rückwirkenden Gesetzes des Tribunen P. Clodius, wurde Cicero wegen unrechtmäßiger Hinrichtung römischer Bürger aus dem Staatsverband ausgeschlossen und verbannt; sein Haus auf dem Palatin und seine Villen (er hatte bereits deren mehrere) wurden zerstört und sein Vermögen eingezogen. Cicero ertrug sein Unglück nicht eben mit Würde. Die Briefe aus dem Exil (Dyrrhachium an der dalmatinischen Küste) sind voll von Selbstbedauern, Klagen über wirklich oder vermeintlich falsche Freunde und Versuchen, einflußreiche Wortführer in Rom zu gewinnen. Mitte 57 hatte Cicero endlich Erfolg: auf Antrag der Tribunen P. Sestius und T. Annius Milo wurde er einstimmig zurückberufen. Die Heimkehr glich einem Triumphzug.

Eines hatte Cicero gelernt: die alte Ordnung war aus sich selbst nicht erneuerungsfähig. In den Reden dieser Jahre (z. B. *pro Sestio*, 56) fordert Cicero nicht mehr das Zusammenwirken der alten Stände (*concordia ordinum*), sondern den *consensus omnium bonorum*, die Sammlung aller aufbauenden Kräfte im Staat: neben den *nobiles*, die ihren Namen verdienen, sind alle Fähigen und Gutgesinnten — vor allem die aus dem Ritterstand, von dem der *homo nouus* gekommen war — zur Mitwirkung an der *res publica* berufen. Sie sind die wahren *optimates*, Bahnbrecher und Führer (*principes*) im Sinne von Platons Staatsmann; aus ihnen soll in einer Krise der *rector et gubernator rei publicae* hervorgehen, den überragende

Tatkraft und Einsicht (auch dies ein platonisches Ideal) befähigt, als *dictator* den Staat zu retten.[1])

Cicero nähert sich nun Caesar, hofft auch ihn für die „gute Sache" zu gewinnen. Von den politischen Unruhen angewidert, zieht er sich ins Privatleben zurück. In theoretischen Werken (*De oratore, De re publica, De legibus*) klärt er die Gedanken seiner jüngsten Reden und führt sie weiter aus.

De oratore (55) ist mehr als eine reife, auf eigene Erfahrung gegründete Revision der frühen *libri rhetorici* (*De inuentione,* 2 Bücher). Dieser Dialog in 3 Büchern (ins Jahr 91 verlegt, Hauptunterredner sind Antonius und Crassus) zeichnet den politischen Redner, der nicht nur seine Kunst beherrscht, sondern auch philosophisch gebildet ist. In Buch 1 spricht Crassus von den Voraussetzungen zum Rednerberuf: Anlage, Übung, Technik, Rechtskunde; höher noch steht der gesunde Menschenverstand. In Buch 2 gibt Antonius eine Darstellung der Rhetorik im engeren Sinn, doch nicht schulmäßig pedantisch wie in *De inuentione,* sondern gelöst und ungezwungen, aus den als bekannt vorausgesetzten Lehren das Wesentliche heraushebend und begründend; Antonius wird für längere Zeit durch Caesar Strabos Ausführungen über den Witz unterbrochen. Buch 3 handelt vom Stil (*elocutio*) und Vortrag (*actio*), enthält aber auch einen langen Exkurs des Crassus, der im Sinne der jüngeren Akademie (Philon: 3. 110) vom Redner philosophische Bildung verlangt; hier spricht Cicero selbst aus dem Mund des verehrten Vorbilds.

Die Staatslehre ist Gegenstand der „Republik" und der „Gesetze". Beide folgen in Thema und Anlage Platon, sind aber im einzelnen der späteren Philosophie, besonders dem Dikaiarch, verpflichtet, der das tätige Leben über das spekulative stellte; über römische Verhältnisse spricht Cicero aus eigener Erfahrung. *De re publica* (6 Bücher, trümmerhaft in einem vatikanischen Palimpsest und in Macrobius' Kommentar zum Traum Scipios erhalten) stellt die Frage nach der besten Staatsform und dem besten Bürger (Cic. ad Q. fr. 3, 5, 1); das Gespräch, an dem führende Männer des Scipionenkreises teilnehmen, ist in das Jahr 129 verlegt. Der Staat (*res publica*) ist die Sache des Volkes (*res populi*). Er entsteht aus einem dem

[1]) Über Ciceros *princeps* handelt grundlegend R. Meister, Wiener Studien 57 (1939) 57 ff.; dazu Büchner, Latein. Lit. 64 ff.; E. Lepore, Il principe ciceroniano, 1954.

Menschen eingeborenen Streben nach harmonischer Gemeinschaft (*concordia,* die stoische *homonoia*). Im ersten Buch werden zunächst nach Platon und Panaitios die bekannten Grundformen der Staatsverfassung und ihre Zerrbilder sowie der Kreislauf der Verfassungen dargestellt; dann, wesentlich nach Polybios, die aus den dreien gemischte Verfassung, die dem Verfall und Kreislauf entgegenwirkt. Buch 2 gibt eine kurze Geschichte der römischen Verfassung. Mit Buch 3 beginnt die systematische Darstellung. Das Fundament des Staates ist die Gerechtigkeit, deren Begriff Cicero kritisch untersucht und verteidigt. In Buch 4 entwirft er einen Musterstaat, aber lange nicht so rigoros wie Platon; so verteidigt er Dichtung und Schauspiel als Spiegel des Lebens. Ciceros Idealstaat ist ein idealisierter Römerstaat. Auch in dem Bild des *optimus ciuis* (Buch 4–6) nimmt Cicero eigene politische Gedanken auf. Für Cicero ist Platons Staatsmann doch nur der Beste unter den Guten; Alleinherrscher ist er nur in höchster Not, und auch dann konstitutionell. Mit Absicht nennt ihn Cicero hier *rector,* nicht *princeps;* der „erste Bürger" soll den Staat der Väter wieder herstellen. (Ob Cicero an Pompeius dachte, dessen Schwächen er nur allzugut kannte, ist mehr als fraglich.) Ciceros Staatslenker will keinen irdischen Lohn, nicht einmal Ruhm; sein Lohn ist die Unsterblichkeit. Dieser Gedanke leitet zu dem Traum Scipios über, worin dem Träumenden sein Ahnherr, der Sieger über Hannibal, erscheint und — als Gegenstück zur Jenseitsvision des Armeniers Er bei Platon — ihn einen Blick in jene Welt tun läßt, wo die Großen und Guten ewig in seliger Betrachtung der Harmonie der Welt leben.

De legibus (die 3 erhaltenen Bücher nicht vor 52; die Fortsetzung, ungewissen Umfangs, ist verloren) will ein Gegenstück zu Platons „Gesetzen" sein. Mehr noch als im „Staat" ist Cicero gedanklich und sachlich von Platon unabhängig. Die erhaltenen Bücher handeln vom Naturrecht, vom Sakralrecht und von den Gesetzen der Magistrate; die Fortsetzung handelte von den Gerichten und anscheinend auch (wie bei Platon) von der Erziehung. Der Dialog ist in Ciceros eigene Zeit verlegt; die Gesprächspartner sind er selbst, Quintus und Atticus. Die Formulierung der Gesetze ist stilistisch und sprachlich den älteren römischen Gesetzen nachgebildet.

Die Annäherung an die Triumvirn kostete Cicero manches Opfer an persönlichem Stolz; er verteidigte z. B. auf Caesars Wunsch seinen alten Widersacher Vatinius (54).

Tullia hatte sich in dritter Ehe mit dem Caesarianer P. Cornelius Dolabella vermählt, von dem ihr Vater menschlich nichts hielt. Aber im selben Jahr 54 nahm Cicero von Caesar nicht nur die Widmung der Schrift *De analogia* an, sondern auch ein Darlehen von 800 000 Sesterzen, das er bitter nötig hatte. Für die einstigen politischen Freunde war er jetzt ein gezeichneter Mann. Eine bescheidene Kompensation mochte er darin sehen, daß er im Jahre 53 an Stelle des im Partherkrieg gefallenen Crassus ins Auguralkolleg gewählt wurde. Eine neue Enttäuschung brachte das folgende Jahr mit der erfolglosen Verteidigung seines alten Freundes Milo.

Milo hatte seit Jahren versucht die Terrorbande des Clodius durch eine Gegenbande in Schach zu halten. Anfangs 52 kam es zwischen beiden auf der Via Appia zu einem Straßenkampf; Clodius wurde verwundet und flüchtete in eine Schenke, aber Milo ließ ihn durch seine Leute herausholen und umbringen. Beim Begräbnis des Clodius gab es turbulente Demonstrationen. Pompeius, zum Konsul ohne Kollegen ernannt, ließ Milo vor Gericht stellen. Seine Soldaten hielten das Forum besetzt; Cicero sprach ohne Selbstvertrauen und seine Worte gingen im Lärm der erregten Menge unter. Die sichere Verurteilung vor Augen, ging Milo freiwillig in die Verbannung. Cicero, unzufrieden über den Mißerfolg, arbeitete eine neue Verteidigungsrede aus und sandte sie Milo nach Massilia; Milo antwortete ironisch, wenn ihn Cicero so erfolgreich verteidigt hätte, könnte er jetzt nicht so gute Seebarben essen (Cassius Dio. 40, 54). Die nie gehaltene Rede galt schon den Alten als Ciceros oratorisches Meisterwerk. Seine Kunst, für einen hoffnungslosen Fall zu plädieren, ist in der Tat erstaunlich; aber selbst unter günstigeren Umständen hätte der Versuch, Milos Tat als Notwehr hinzustellen (wobei das am stärksten belastende Moment, die Niedermetzelung des schon Kampfunfähigen, geflissentlich verschwiegen wird) wenig Aussicht auf Erfolg gehabt.

Im Jahr 51 holte der Konsular sein längst überfälliges Provinzialjahr nach. Als Prokonsul von Kilikien zeigte er sich im Rahmen des Möglichen gerecht und menschlich. Er hatte auch einige militärische Erfolge gegen die Parther. Seine rührenden Bemühungen, dafür einen Triumph bewilligt zu erhalten, sind vielleicht nicht nur auf Kosten seiner bekannten Eitelkeit zu setzen; er brauchte dringend öffentliche Anerkennung. Jedenfalls wurde ihm ein Dankfest (*supplicatio*) zugestanden; zur Entscheidung über den Triumph, auf den er nach wie vor hoffte, ist es nie gekommen: das römische Reich stand vor einem neuen Bürgerkrieg.

Nichts konnte für Cicero furchtbarer sein. Bis zuletzt suchte er zwischen den Gegnern zu vermitteln. Die Briefe an Atticus kurz vor und nach Kriegsausbruch bezeugen seinen Zwiespalt. Er wußte, vor wem, nicht, zu wem er fliehen sollte (Plutarch, Cic. 37, 3, vielleicht nach einem Wort des Tiro). Über Pompeius machte er sich längst keine Illusionen mehr, aber in Caesar sah er bei aller persönlichen Achtung doch den künftigen Zerstörer „seiner" Republik. So floh er (Juni 49) vor Caesar, der ihm auch jetzt noch goldene Brücken bauen wollte, ins Lager des Pompeius. Was er dort sah, hat ihm nicht gefallen; er stand abseits und machte sich als „Kritikaster" unbeliebt. Nach der vernichtenden Niederlage des Pompeius bei Pharsalos (48) kehrte er mit einer Eile, die ihm als charakterlos ausgelegt werden konnte, nach Italien zurück. Caesar behandelte ihn mit der ihm eigenen Noblesse.

Die Zeit bis zum Ende des Bürgerkriegs verlebte Cicero meist zurückgezogen; es war wieder eine Periode intensiver Schriftstellerei. Im Jahre 46 entstanden die rhetorischen Schriften *Brutus, Orator, Paradoxa Stoicorum* und der Preis des Stoikers Cato; alle sind dem M. Iunius Brutus gewidmet, der, ursprünglich Gegner Caesars, schon 48 zu ihm übergegangen war und nun dessen Vertrauen genoß.

Der *Brutus* ist ein Gespräch zwischen Brutus, Atticus und dem Wortführer Cicero. Dieser entwirft, vom Tod des Hortensius (50) ausgehend, ein Bild der römischen Beredsamkeit von ihren Anfängen bis auf seine Zeit; über die eigenen Verdienste läßt er sich (wie auch in späteren Werken) von den Gesprächspartnern Komplimente machen. Bitterkeit über das neue Regime spricht deutlich aus dem Anfang: Hortensius sei glücklich, weil er das Ende der freien Rede, der Voraussetzung aller Redekunst, nicht mehr erlebt habe. Ähnliche politische Spitzen finden sich in den *Paradoxa Stoicorum,* die Cicero zu seinen rhetorischen Schriften zählte. Er behandelt darin vom Standpunkt des Redners einige der herrschenden Meinung zuwiderlaufende (im antiken Sinn paradoxe) Gemeinplätze der Popularphilosophie, z. B. daß die Tugend allein zum Glück ausreiche, daß alle Tugenden gleich gut, alle Laster gleich schlecht seien, daß nur der Weise in Wahrheit reich sei. Es ist eine *tour de force;* der Stil, Frage und Selbstantwort, ist der Diatribe angenähert. Die kleine Schrift ist eine Huldigung für Brutus' Onkel, den jüngeren M. Porcius Cato, einen überzeugten Stoiker und Caesargegner, der gerade damals in Utica Selbstmord begangen hatte, um nicht Caesars Gnade annehmen zu müssen; doch war sein Tod zur Zeit der Abfassung in Rom noch nicht bekannt. Von der Lobschrift auf Cato sind nur wenige Fragmente erhalten; Caesar antwortete ihr mit seinen *Anticatones.*

Schon im Brutus hatte Cicero Gelegenheit gehabt, an dem einseitig „attizistischen" Stil, zu dem sich Brutus bekannte, Kritik zu üben. Diese literarische Mode Roms um die Jahrhundertmitte war eine Reaktion auf den teils üppigen, teils pointierten asianischen Stil, unter dessen Einfluß die ältere römische Redekunst und noch Hortensius und der junge Cicero gestanden hatten. Aber die „Attizisten" gingen Cicero zu weit; ihr Ideal war ausschließlich der „schlichte" Lysias. Cicero verlangt dagegen vom Redner, daß er alle drei Stilarten, den schlichten, gemäßigten und reichen Stil, beherrsche; diese Forderung sieht er in Demosthenes verwirklicht. Der Darlegung dieses Standpunktes dient der *Orator.* Das politische Element fehlt hier so gut wie ganz; dagegen kommt Cicero nachdrücklich auf seine alte Forderung zurück, der Redner dürfe die Philosophie nicht vernachlässigen. Ähnlich wie im *Orator* spricht sich Cicero auch in der kleinen Schrift *De optimo genere oratorum* aus, der Vorrede zu seiner Übersetzung der Kranzrede des Demosthenes und der Gegenrede des Aischines.

Die Reden der Jahre 46 und 45 sind Fürsprachen bei Caesar für einstige Pompeianer oder Dank für Begnadigung (*pro Marcello*). Der Appell an Caesars Milde und Großmut hatte im Fall des Q. Ligarius (46) überraschenden Erfolg, versagte aber bei der Verteidigung des Galaterfürsten Deiotarus; die beharrliche Aufforderung, die Republik wieder herzustellen, verstimmte den Diktator.

Auch Ciceros Privatleben war wieder bewegt. Nachdem er sich der ehrgeizigen Terentia schon länger entfremdet hatte, ließ er sich im Jahre 46 von ihr scheiden und heiratete bald darauf die viel jüngere Publilia, eine reiche Erbin, wohl in der Hoffnung, dann seine Schuld bei Caesar begleichen zu können. Im Februar 45 starb Tullia, eben von Dolabella geschieden, kurz nach der Geburt eines Sohnes. Der Tod der geliebten Tochter traf Cicero schwer; zum erstenmal, so gesteht selbst er, fühlte er sich vom Schicksal entwaffnet. Ruhelos zieht er von einem seiner Güter zum andern, dazwischen ist er bei Atticus zu Gast. Seine junge Frau vernachlässigt er und läßt sich bald von ihr scheiden. Allmählich findet er Trost in der Philosophie. Seine *Consolatio* ist im Gegensatz zu ihren mehr oder weniger konventionellen Vorbildern die erste Trostschrift zur eigenen Tröstung des Verfassers. Ihr folgt der *Hortensius*, eine Aufforderung (Protreptikos) zum Studium der Philosophie. Beide Werke sind verloren.

Hauptquelle der Consolatio war vermutlich die Schrift des Akademikers Krantor über die Trauer; Cicero tröstet sich vor allem mit dem Gedanken an die Unsterblichkeit der Seele. Als Selbsttrost eröffnet das Werk eine Reihe, an deren Ende in der Antike die *Consolatio* des Boethius (Bd. 2, 124) steht. — Der *Hortensius* fußte natürlich auf dem berühmten Protreptikos des Aristoteles. Doch hat Cicero seinem Werk Dialogform gegeben; die Unterredner sind er selbst und Hortensius, ferner Catulus (Sohn des Konsuls von 102) und Lucullus. Der skeptische Standpunkt des Akademikers zeigt sich in der Behauptung, daß schon das Suchen nach der Wahrheit glücklich mache. Der *Hortensius* hat nachhaltig gewirkt; noch dem jungen Augustinus wurde seine Lektüre der erste Schritt zur Einkehr.

Der *Hortensius* war nur ein Auftakt. Es reift nun in Cicero der Gedanke, in einer Reihe größerer Werke die griechische Philosophie lateinisch darzustellen. In die Jahre 45/44 fallen die *Academica, De finibus bonorum et malorum, Tusculanae disputationes, De natura deorum*, wahrscheinlich auch die Übersetzungen von Platons Protagoras und Timaios (letztere unvollständig erhalten; doch hatte Cicero kaum eine Übersetzung des ganzen Dialogs geplant). Es ist ein Werk der Resignation. Die Wirkung auf die Zeitgenossen war gering; wer damals philosophische Interessen hatte, las die Griechen im Original. Erst die römischen Christen haben aus diesen Schriften ihre Kenntnis der antiken Philosophie geschöpft; die Renaissance hat sie endgültig zum Gemeingut der europäischen Bildung gemacht.

Einmal in den Kreis Caesars getreten, hatte Cicero keine Möglichkeit, sich den immer häufigeren und unterwürfigeren Ehrungen des ungekrönten Königs zu entziehen, so sehr er darunter litt. Es ist kaum Zufall, daß er mit seinen Gedanken in die „große Zeit" flüchtet: es entsteht sein *Cato maior de senectute*, dem nach Caesars Ermordung *Laelius de amicitia* folgt. Beide sind dem Freund Atticus gewidmet.

Das Gespräch des alten Cato mit Laelius und dem jüngeren Scipio ist in das Jahr vor Catos Tod, 150, verlegt. Der Reiz des Werkes liegt nicht im Thema, das nur philosophische Gemeinplätze wiederholt, sondern in der liebevollen, zwar idealisierenden, aber doch wesentliche Züge bewahrenden Zeichnung des alten Römers (S. 77). Bestimmte Quellen lassen sich schwer nennen; historisch-antiquarische Einzelheiten könnten aus dem *Liber annalis* des Atticus (S. 134) stammen. – Problematischer ist der *Laelius*. Das Thema — Wesen, Pflichten und Grenzen der Freundschaft — wird auf stoisch-peripatetischer Grundlage entwickelt. Cicero läßt den Laelius diese Gedanken kurz nach dem Tod des jüngeren Scipio (129) seinen Schwiegersöhnen, C. Fannius und dem Augur Scaevola, vortragen; von letzterem will sie Cicero gehört haben. Daß Cicero hier das eigene Gefühl, am Ende einer Zeit zu stehen, in eine analoge Situation der Vergangenheit projiziert, wurde schon gesagt (S. 89). Einen breiten Raum nimmt die Frage ein, wieweit persönliche Freundschaft mit politischer Gegnerschaft vereinbar sei; das verbindet den *Laelius* mit epist. 11, 27 und 28, beide aus dem August 44, dem Brief Ciceros an seinen alten Freund C. Matius, der dem Caesar über den Tod hinaus die Treue hielt, und Matius' Antwort.

Caesars Ermordung hatte Cicero ebenso sehr überrascht wie erleichtert. Die aufgestaute Abneigung gegen den Mann, dessen Zauber er wider Willen gefühlt hatte, macht sich nun Luft. Doch bald kam alles anders als erwartet. Brutus und sein Anhang hatten den Augenblick zum Handeln versäumt. Cicero wollte erst nach Athen gehen, wohin er seinen Sohn Marcus zum Studium geschickt hatte, ließ sich aber von Freunden zum Bleiben bestimmen. Seine letzte Hoffnung ist nun, durch Unterstützung von Caesars Erben Octavian und den Caesarianern, die zu ihm stehen, den skrupellosen Antonius zu isolieren und dessen Erklärung zum Staatsfeind durchzusetzen. Zeugnis dieser Politik ist eine Gruppe von Reden, die Cicero selbst scherzhaft Philippische genannt hat. Die 14 erhaltenen fallen zwischen den 2. Sept. 44 und den 22. April 43; sie sind alle, direkt oder indirekt, gegen Antonius gerichtet. Die besonders ausfällige zweite, an der Cicero naive Freude hatte, ist freilich nie gehalten worden; es ist sogar zweifelhaft, ob Cicero sie veröffentlichte. Noch einmal, vor allem in der 3. und 4. Philippica (beide 20. Dez. 44), entwirft Cicero mit der ganzen Kraft seiner Sprache das alte Programm. Auch in den philosophischen Werken, die zwischen der Ermordung Caesars und Ciceros Wiedereintritt in die Politik entstanden sind, ist eine neue Wendung zum Handeln bemerkbar. In *De diuinatione* grenzt er Religion von Aberglauben ab; in *De fato* verteidigt er die Willensfreiheit gegen den Schicksalszwang; in *De officiis*, seinem Sohn Marcus gewidmet, gibt er, wesentlich nach Panaitios, eine praktische Pflichtenlehre, zugleich eine Rechtfertigung des eigenen Handelns. Auch für seinen Laelius hat Freundschaft nur Bestand, wenn sie auf dem Boden der *uirtus* steht.

Die umfangreichen philosophischen Werke der Jahre 45 bis 43 bilden inhaltlich (nach Absicht des Verfassers?) eine zusammenhängende Serie. Die *Academici libri* sind eine Darstellung der skeptischen Erkenntnislehre der mittleren Akademie. Sie wurden mehrmals umgearbeitet. Die erste Fassung bestand aus 2 Büchern, die nach den Hauptpersonen *Catulus* und *Lucullus* hießen; nur letzteres ist erhalten. Von einer späteren Bearbeitung („*Academica posteriora*") in 4 Büchern, worin Cicero seinen Freund Varro redend einführte, haben wir noch den Anfang des ersten und einige Bruchstücke. — *De finibus*

(Über das höchste Gut und das größte Übel) und die *Tusculanen* (beide Werke, je 5 Bücher, dem Brutus gewidmet) behandeln Fragen der Ethik. *De finibus* zeigt die verschiedene Stellung der Schulen zu diesem fundamentalen Problem; Cicero neigt gefühlsmäßig zur Stoa, verstandesmäßig zur akademischen Skepsis, nur dem Epikur wird er nicht gerecht. In den *Tusculanen* handelt es sich um wichtige ethische Sonderprobleme: der Tod ist kein Übel (1), der Schmerz läßt sich ertragen (2), Störungen des Seelenfriedens (*aegritudo* und *perturbatio animi*) lassen sich erleichtern (3—4), die Tugend genügt zum glücklichen Leben (5). Auch hier sympathisiert Cicero mit den Stoikern, ohne sich doch ganz auf ihren Standpunkt zu stellen. In beiden Werken ist Cicero der Hauptredner. Die Quellenfrage ist schwierig; sicher ist, daß Cicero in Tusculanae 2 einen Brief des Panaitios an Q. Aelius Tubero benutzt hat. — *De natura deorum* (3 Bücher, das letzte unvollständig) hat die Form eines Gesprächs, das Cicero im Jahre 77 mit dem Epikureer C. Velleius, dem Stoiker Q. Lucilius Balbus und dem (auch als Redner bedeutenden) Akademiker C. Aurelius Cotta gehabt haben will. Velleius legt den epikureischen Standpunkt dar (nach Philodemos?), Balbus den stoischen (anscheinend nach einem zeitgenössischen Philosophen); nach jedem nimmt Cotta das Wort und widerlegt den einen wie den anderen. — In *De diuinatione* unterhält sich Cicero — als Augur — mit seinem Bruder über das Wesen der Mantik; im ersten Buch wird die stoische Lehre, die die Wahrsagekunst philosophisch zu unterbauen sucht, nach Poseidonios dargestellt und im 2. Buch nach akademischer Quelle (Kleitomachos?) widerlegt. These und Widerlegung sind nicht vollkommen aufeinander abgestimmt; dafür entschädigen Einblicke, die uns ein gebildeter und skeptischer Augur — nicht ohne Humor — in seine Kunst tun läßt. Als Fortsetzung schrieb Cicero *De fato;* die Argumentation geht letzten Endes auf Karneades zurück. — Die ersten beiden Bücher von *De officiis* sind eine verkürzte, aber durch römische Beispiele bereicherte Wiedergabe der Schrift des Panaitios über das richtige Verhalten (*kathekon*); Buch 1 handelt vom Ehrenvollen (*honestum*), Buch 2 vom Nützlichen (*utile*) als Motiv der sittlichen Entscheidung; das dritte, worin der Konflikt der beiden Motive behandelt wird, fußt auf Poseidonios und auf dem Memorandum eines Athenodoros, das sich Cicero eigens für diesen Zweck erbeten hatte. Ihm ist Cicero vermutlich auch in seiner berühmten Behandlung der Regulusgeschichte gefolgt, nur die römischen Lichter hat er selbst ihr aufgesetzt. Mehr als andere Werke Ciceros hat dieses unter den Christen Leser gefunden; Ambrosius wurde dadurch zu seiner Schrift *De officiis ministrorum* angeregt. — Halb rhetorisch, halb philosophisch sind die *Topica,* 44 auf der Seereise von Velia nach Rhegium geschrieben. Auch hier versucht Cicero, Philosophie und Rhetorik zu verbinden. Sieben rhetorische *loci communes* (griech. *tópoi*) werden hier in der Art der stoischen Logik, wahrscheinlich nach dem Eklektiker Antiochos, behandelt. Mit der Topik des Aristoteles hat das nichts zu tun.

Dem stärker lehrhaften Charakter entsprechend unterscheiden sich diese philosophischen Werke formal von den übrigen. Hatte Cicero bisher den aristotelischen Lehrdialog, worin jeweils eine Person das Wort führt und auf Fragen oder Einwände der anderen in längerer Rede antwortet, dadurch belebt, daß er in den Ein- und Überleitungen nach Art der platonischen Rahmengespräche den Ton echter Unterhaltung wahrte, so sind die theoretischen Schriften der letzten Gruppe teils umfangreiche Lehrbriefe (*Orator, Topica, De officiis*), teils nehmen sie die Praxis der jüngeren Akademiker auf, die aus ihrer skeptischen Haltung heraus nie für eine These, sondern stets nur dagegen sprachen (*De finibus, De natura deorum, De diuinatione* führen die epikureischen und stoischen Lehren nur ein, um sie vom akademischen Standpunkt zu widerlegen).

Immer noch glaubte sich Cicero im Mittelpunkt der Ereignisse, sah sich wohl selbst als den *princeps,* nach dem er so oft verlangt hatte. Doch die Geschichte war über ihn hinweggegangen. Während er dem Senat die Konsulatsbewerbung des Octavian abzuringen suchte, worüber er sich mit Brutus entzweit hatte, war jener schon in geheime Abmachungen mit Antonius und Lepidus eingetreten. Antonius bestand auf der Ächtung des verhaßten Gegners und Octavian hat sich, zögernd und widerwillig, gefügt. Am 7. Dezember 43 wurde Cicero auf der Flucht von der Bande des Antonius eingeholt; mit Fassung ergab er sich in sein Schicksal. Man schlug ihm Kopf und Hände ab und brachte sie dem Antonius; der ließ sie in Rom auf der Rednertribüne zur Schau stellen. Octavian aber hat später als Augustus seinem Enkel bezeugt, Cicero sei nicht nur ein großer Redner, sondern auch ein Patriot gewesen (Plutarch, Cic. 49, 3).

Cicero als Politiker zu beurteilen ist hier nicht der Ort. Das Bild des Menschen mit seinen Schwächen und Widersprüchen steht in seinem Leben und Werk vor uns. Eine tragische Gestalt ohne tragische Größe, kämpft er für eine verlorene Sache, doch ohne die Gloriole des Helden Cato. Aber Cicero wußte doch immer, was er *nicht* wollte, und hat nie ein schlechtes Kompromiß geschlossen. Von seiner weichen, sensiblen Natur forderte er mehr als sie geben konnte und identifizierte sich allzu gern mit dem selbstgeschaffenen Leitbild; so mußte er andern, an seinem eigenen Maß gemessen, klein und eitel erscheinen. Erst im Tod zeigte er die oft vermißte Fassung.

Der Redner und Schriftsteller lassen sich bei Cicero so wenig trennen wie in seiner Schriftstellerei Rhetorik und Philosophie und wie sein literarisches Werk von den Zielen seines Lebens.

Die Reden — 57 sind erhalten, etwa 30 weitere bezeugt — wirken heute, von der oratorischen Kunst abgesehen, vor allem durch ihr geistiges und menschliches Niveau. Damit erhebt sich Cicero, soweit wir urteilen können, ebenso über die keineswegs verächtliche Beredsamkeit der Zeitgenossen wie sein reifer Stil über dem der Asianer und Attizisten steht. Die Bitterkeit (und Geschmacklosigkeit) der Invektive war damals allgemein, das Selbstlob — maßlos, wenn auch nicht ganz unbegründet — wird aus Charakter und Leben verständlich. Und wenn die Wahrheit nicht selten zu kurz kommt, dann dürfen wir nicht vergessen, daß der Politiker wie der Advokat Partei ist.

Ciceros Redestil hat manche Wandlung durchgemacht. Die ältesten Reden sind noch stärker asianisch, die Rede *pro Roscio comoedo* geradezu in der Art des Hortensius (F. Klingner, SB München 1953, 4); auch ist Cicero noch nicht der Purist, als den ihn die Reden der besten Zeit (von der Prätur bis zum Bürgerkrieg) zeigen. Später, in den *orationes Caesarianae* und *Philippicae*, wird sein Sprachgebrauch wieder toleranter. Freilich sind viele seiner Reden nicht so gehalten worden wie sie uns vorliegen.

Unter den Kommentaren ist am bedeutendsten der des Asconius Pedianus (etwa 54—57 n. Chr.) zu fünf Reden, darunter zwei verlorenen (S. 20); damit verbindet sich in der Überlieferung ein Kommentar zu den Verrinen („Pseudo-Asconius"); stärker rhetorisch orientiert sind die als Palimpsest erhaltenen *Scholia Bobbiensia*.

Ciceros Reden sind durchzogen von philosophischen Gedankengängen. Konventionell formuliert, wie das geboten war, sind sie doch mehr als landläufige Gemeinplätze. Ein echter Philosoph, der Probleme aufwirft oder weiterdenkt, ist Cicero freilich auch in seinen theoretischen Schriften nicht. Wohl aber zeigt er ernsthaftes philosophisches Interesse, besonders an Fragen der praktischen Philosophie. Bezeichnenderweise beginnt sein Philosophieren beim Staat und beim Redner als Staatsmann. Schon darum konnte Cicero nicht Epikureer sein; der „ivory tower" (Epikurs *láthe biósas* „lebe im Stillen") wäre ihm als Verrat an seiner *humanitas* erschienen. Doch lag ihm der Dogmatismus der Stoa so wenig wie der des Epikur. Er hat sich stets zur Erkenntniskritik der jüngeren Akademie bekannt, zur Zurückhaltung im Urteil, wie das Karneades und Kleitomachos empfahlen; das hatte er bei Philon gelernt und daran hielt er auch gegen Männer wie Poseidonios oder Antiochos fest. Philon lehrte seine Schüler auch das *in utramque partem disserere,* das sich der Redner Cicero gern und gründlich zu eigen machte. Das positive Element dieser skeptischen Schule war die Lehre vom *probabile* — von dem, was sich zwar nicht als wahr, wohl aber als vernünftig und sinnvoll erweisen läßt; damit stand Cicero ein Weg offen, sich ohne Kompromiß in Fragen des praktischen Handelns dem gemäßigten Stoiker Panaitios (S. 85) anzuschließen.

Als philosophischer Schriftsteller war Cicero weder bloßer Übersetzer (Ausnahmen: S. 116 f.) noch Popularisator. Er selbst hat seine Philosophica treffend mit den römischen Nachdichtungen griechischer Dramen verglichen (fin. 1, 4 f.). Ist er schon nicht in die letzten Feinheiten philosophischer Deduktion und Kontroverse eingedrungen, hat er sich nicht immer an die besten und echtesten Quellen gehalten, ist seine Darstellung nicht von Mißverständnissen und Flüchtigkeiten frei (zwei so umfangreiche Werke wie die Tusculanen und *De finibus* sind in wenig mehr als einem Jahr entstanden), so hat er dafür dem spröden Stoff eine vollendete Form gegeben: er hat einerseits das Latein zu einem Medium abstrakter Darstellung gemacht, andererseits in den zahlreichen geschichtlichen Beispielen, Episoden und Anekdoten einen Erzählungsstil geschaffen, der den *narrationes* seiner Reden würdig zur Seite steht.

Ciceros Werk als Ganzes ist getragen vom Geist jener *humanitas,* der wir zuerst im Kreis des Scipio begegnet sind und für die er selbst unser vornehmster Zeuge und Interpret ist. Wir können kaum anders als sie mit Ciceros Augen sehen. Aus seinem Werk ist sie direkt und indirekt in das Bewußtsein des christlichen Mittelalters und der Neuzeit eingegangen. Das ist aufs Ganze gesehen vielleicht die stärkste Wirkung, die Cicero geübt hat; sie läßt sich nur mit der des Vergil vergleichen.

Schon seiner eigenen Zeit erschien Cicero als Meister der Redekunst; hundert Jahre später war er zum Klassiker der lateinischen Prosa geworden. Quintilians berühmte Charakteristik gipfelt in dem Ausspruch, das Gefallen an Cicero sei für den werdenden Redner ein Maßstab des eigenen Fortschritts (*ille se profecisse sciat cui Cicero ualde placebit:* 10, 1, 104—13). Zeugnis spätantiker Cicero-Studien sind der Palimpsest *De re publica* und Handschriftenfragmente mehrerer Reden. Im allgemeinen geht die Textüberlieferung nicht über das 9. Jahrhundert zurück (S. 11). Während die Karolingerzeit für Cicero großes Interesse hatte, trat er im späteren Mittelalter etwas in den Schatten. Dafür hat ihn die Renaissance überschwenglich verehrt. Die Kritik des 19. Jahrhunderts, besonders in Deutschland, ist in der Gegenrichtung zu weit gegangen; erst spät hat sich eine Betrachtungsweise angebahnt, die sowohl das geschichtlich Bedingte an seinem Werk wie das zeitlos Große würdigt.

Literatur: Jede Auswahl ist willkürlich. Hübsch zur ersten Einführung: L. Laurand, Cicéron est intéressant, [2]1931. — Gesamtdarstellungen: RE 7 A 1, 827 ff. (es fehlt eine gesonderte Behandlung der Reden als Literaturwerke; bs. wertvoll M. Gelzer, Cicero als Politiker). — E. Ciaceri, Cicerone e i suoi tempi, 2 Bde, 1926, 1930. — W. Kroll, Die Kultur der ciceronianischen Zeit, 2 Bde, 1933. — L. Laurand, Cicéron, Vie et oeuvres, 2 Bde, 1933—1934. — O. Seel, Cicero, 1953. — K. Büchner, Cicero, 1962 (Studien z. röm. Lit. 2). — Zu Einzelaspekten: L. Laurand, Etude sur le style des discours de Cicéron, 3 Bde, [2]1925—1927. — H. A. K. Hunt, The Humanism of Cicero, 1954. — H. Fuchs, Ciceros Hingabe an die Philosophie: Mus. Helv. 16 (1959) 1—29 (mit Sammlung von Belegstellen). — P. Boyancé, Études sur le Songe de Scipion, 1936. — R. Harder, Somnium Scipionis: Kl. Schriften (1960) 354 ff. — Nachleben: Th. Zielinski, Cicero im Wandel der Jahrhunderte, [3]1912. — E. K. Rand, Cicero in the courtroom of Thomas Aquinas, 1945. — C. Becker, Cicero: RAC 3 (1957) 86—127.

1 a. Prosa in Ciceros Umwelt

M. Tullius Tiro, der seinen Patron um viele Jahre überlebte, gab Ciceros Reden und Briefe heraus und schrieb seine Biographie. Unter seinem und Senecas Namen ist ein Kurzschriftsystem überliefert, die *Notae Tironianae.* Tiro hat sie gewiß nicht erfunden, muß aber in ihrer Ausbildung eine Rolle gespielt haben. Wir kennen sie aus Handschriften seit dem 8. Jahrhundert; in den karolingischen Schulen wurden sie studiert und auch praktisch verwendet.

Den Prosastil der Zeit lernen wir am besten an Ciceros Korrespondenten. Am einen Ende stehen die Attizisten, M. Brutus und Asinius Pollio (Bd. 2, 12), am anderen Stilisten von Ciceros

Art wie M. Caelius Rufus, der auch als Redner sein Schüler war, oder L. Munatius Plancus; das Fragment aus einer Rede des T. Plancus gegen Hortensius, von Asconius im Kommentar zur Miloniana zitiert, zeigt dagegen wenig vom Ciceronianismus seines Bruders.

Von den zahlreichen Rednern unter Ciceros Zeitgenossen (vgl. Bardon, Litt. lat. inconnue 1, 211 ff.) ist leider fast nichts erhalten. Für den berühmtesten, den Asianer Q. Hortensius Hortalus, sind wir fast ganz auf Ciceros Urteil (Brut. 301 ff., 317 ff.) angewiesen. Seit der Neunzehnjährige im Jahre 95 vor den Konsuln Crassus und Scaevola sprach, war er der erfolgreichste und meistbewunderte Redner, bis ihn Cicero etwas in den Schatten stellte. Bald Prozeßgegner (*in Verrem, De lege Manilia*), bald Kollegen (z. B. als Verteidiger Milos), standen die beiden stets gut miteinander. Cicero bewunderte an Hortensius besonders dessen erstaunliches Gedächtnis. Seit seinem Konsulat (69) ließ sich Hortensius etwas gehen; erst die Konsulatsreden Ciceros forderten ihn zu neuer Anspannung heraus. Aber der asianische Stil, an dem er festhielt, wirkte bei dem älteren Mann nicht so angemessen wie in seiner Jugend. — Seine Tochter Hortensia erregte Aufsehen, als sie im Jahre 42 vor den Triumvirn mit Erfolg gegen die von jenen geplante schwere Besteuerung des Frauenvermögens sprach. Die Rede wurde noch unter den Flaviern gelesen; Appian (bell. ciu. 4, 32 f.) gibt davon ein Résumé. — Ein wirksamer, doch wenig kunstvoller Redner war C. Licinius Calvus, der uns noch als Dichter beschäftigen wird. — M. Cato (95—46) war, obgleich Stoiker, kein verächtlicher Redner, wirkte aber vor allem durch seine Überzeugung (vgl. den bezeichnenden Brief an Cicero in Kilikien, epist. 15, 5). Seine Rede im Catilinarierprozeß (nicht die von Sallust nachkomponierte) soll noch zur Zeit Plutarchs (Cato min. 23) existiert haben. — Über Caesar als Redner s. S. 130.

2. M. Terentius Varro

Der Reatiner Varro (116—27) ist neben Cicero, zu dem er manche, wenngleich nicht sehr enge, Beziehungen hatte, der vielseitigste Autor seiner Zeit. Als Redner (Asianer) unbedeutend, als philosophischer Autor und Verfasser von *Saturae* eigenartig und nicht ohne Nachwirkung, ist er doch vor allem Gelehrter von universalen Interessen (vgl. Cic. ac. 2, 1, 9). Obzwar Schüler des Antiochos von Askalon, war er stark von Poseidonios beeinflußt und neigte etwas zur pythagoreischen Mystik, die damals Mode wurde. Legat des Pompeius im Bürgerkrieg, mußte er sich 49 in Spanien ergeben. Caesar bestimmte ihn zum Vorstand einer geplanten öffentlichen Bibliothek. Der Ächtung durch Antonius (43) entging er durch die Intervention eines Freundes.

Varros Schriften, über 600 Bücher, wurden bis ans Ende des Altertums viel studiert und von Kompilatoren benutzt; darum sind sie selbst fast alle untergegangen, aber die Früchte von Varros Forschung sind größtenteils erhalten.

Nur einige seiner Werke seien genannt: *Antiquitates* in 41 Büchern (25 *libri rerum humanarum*, 16 *rerum diuinarum*), eine römische Altertumskunde, uns z. T. gut kenntlich aus dem „Gottesstaat" Augustins. Die *res diuinae*, Caesar als Pontifex Maximus gewidmet und wahrscheinlich im Jahre 47 herausgegeben, sind — indirekt — eine wichtige Quelle der römischen Religion. — Im Zusammenhang mit den *Antiquitates* entstanden kleinere Werke, z. B. *De uita populi Romani* (kulturgeschichtlich) und *De gente populi Romani*, ein Versuch, Rom in die Mythentradition der Griechen einzureihen. Auf Varro geht wahrscheinlich jene Chronologie zurück, die die Gründung Roms auf 753 ansetzt („Varronische Ära"); sie wurde von Atticus übernommen und hat sich allgemein durchgesetzt. — Die *Hebdomades* oder *Imagines* (um 39 vollendet) waren eine Sammlung von 700 Bildnissen berühmter Persönlichkeiten (griechische und römische Könige, Feldherrn, Staatsmänner, Dichter usw., vgl. Cornelius Nepos, S. 134) mit begleitendem Text in Prosa und Distichen, nach Art der *tituli* und *elogia*. Es waren 100 Gruppen von je sieben Bildern, jede Gruppe hufeisenförmig angeordnet wie ein „Cercle" in einer Exedra. — Über Varros literarhistorische Forschungen: S. 17 f., 34. — Die *Disciplinarum libri IX* stehen in der Tradition jener enzyklopädischen Bildung, die sich aus früheren Ansätzen im Hellenismus entwickelt hatte und der schon Cato mit seinen Schriften *ad filium* begegnen wollte. Varro behandelte Grammatik, Dialektik, Rhetorik, Geometrie, Arithmetik, Astronomie (*astrologia*), Musik, Medizin, Architektur. Die ersten sieben sind die allgemein bildenden Studienfächer des freien Mannes (*artes liberales*, sinnwidrig als „freie Künste" übersetzt), die das Altertum an das Mittelalter als Schulprogramm weitergab. Das Werk dürfte aus Varros späten Jahren stammen. — Wenigstens teilweise erhalten ist *De lingua Latina* (25 Bücher, wovon wir — mit Lücken — 5—10 besitzen). Buch 5—25 waren Cicero gewidmet, fallen also vor Ende 43. Die Behandlung des Stoffes folgt der stoizierenden Grammatik des Krates und Stilo. Bei der *declinatio* (B. 8—10) stellt sich Varro jedoch auf die Seite der alexandrinischen Analogisten gegen die stoisch-pergamenischen Anomalisten: logisches Prinzip gegen die Empirie des Sprachgebrauchs. Ähnlich wie Cicero in seinen „akademischen" Werken geht Varro von der Darstellung des gegnerischen Standpunkts aus, um ihn dann zu widerlegen. Für unsere Kenntnis des alten Rom, Wörter wie Sachen, ist *De lingua latina* unschätzbar.[1]) — Literarisch im engeren Sinn sind die *Logistorici*, die *Saturae Menippeae* und die 3 Bücher von der Landwirtschaft (*rerum rusticarum*). Die 76 *Logistorici* waren kleinere philosophische Abhandlungen über Einzelthemen mit Beispielen aus der Geschichte, und zwar aus dem Mund einer jeweils besonders „zuständigen" Persönlichkeit, wie ja auch Cicero den betagten Zensor Cato über das Alter, den durch seine Freundschaft mit Scipio berühmten Laelius über die Freundschaft sprechen ließ. Auch hatten die Logistorici Doppeltitel wie Ciceros *Cato maior de senectute* oder *Laelius de amicitia*, z. B. *Atticus de numeris, Metellus de ualetudine, Sisenna de historia, Pius* (d. i. Q. Caecilius Metellus Pius, der 48 zwischen Caesar und Pompeius vermitteln wollte) *de pace*. Der Logistoricus über den Frieden klingt bei Augustinus nach. — Die 150 *Saturae Menippeae* sind größtenteils wahrscheinlich zwischen 81 und 67 entstanden. Damals hat Meleagros von Gadara jene Form der Satire, die sein Landsmann, der Kyniker Menippos (um 280), zur Kunstform gemacht hatte, neu belebt. Charakteristisch für diese Form ist die Mischung von Vers und Prosa und die Verbindung des realistisch-mimetischen mit dem moralisierenden Element. Kynisch ist auch, daß sich die „Predigt" derb-komischer oder bizarrer Ausdrucksmittel bedient. Wie stark hier Varro unter griechischem Einfluß steht, zeigt die große Zahl griechischer und griechisch-lateinischer Titel; Doppeltitel sind häufig, aber von anderer Art als die der *Logistorici*. Auch Sprichwörter finden sich darunter, z. B. *Nescis quid uesper serus uehat* („Man soll den Tag nicht vor dem Abend loben") — eine Satire, die wir aus Gellius (13, 11) genauer kennen: Varro gab Ratschläge

[1]) Unter den übrigen Grammatikern der Zeit ragt L. Ateius Praetextatus hervor, der sich selbst Philologus nannte; er lieferte u. a. dem Sallust und Pollio Material für ihre historischen Werke, beriet letzteren auch in Stilfragen. Neben ihm wird Santra genannt als Glossograph (*De antiquitate uerborum*) und als Literarhistoriker.

für Gastmähler, z. B. über Zahl und Art der Gäste, die Form des Tischgesprächs, den Nachtisch. Fragmente der *Saturae* sind zahlreich, stammen aber meist aus Nonius und reichen darum selten zur Rekonstruktion aus. Wir erkennen noch Satire auf den Streit der Philosophenschulen, Spott über fremde Kulte in Rom, Mythenparodie, vor allem aber die Gegenüberstellung von Einst und Jetzt, die auch in Varros kulturhistorischen Werken eine große Rolle spielte. Da ist z. B. eine Satire auf gastronomischen Luxus; im *Sexagesis* wird dieser Kontrast zum Thema. Es ist die Abwandlung eines verbreiteten Motivs (Epimenides, Siebenschläfer, Mönch von Heisterbach, Rip van Winkle): ein Römer sinkt als zehnjähriger Knabe in tiefen Schlaf, aus dem er nach fünfzig Jahren erwacht. Der Sechzigjährige findet sich in Rom nicht mehr zurecht; alles ist so anders als in der guten alten Zeit. Schließlich wird der lästige Prediger *more maiorum* (in unfreundlicher Umdeutung von *sexagenarios de ponte*) von einer Tiberbrücke ins Wasser geworfen. Hier wie in anderen Satiren hat der Autor sich selbst eingeführt. Stilistisch ist Varro der älteren Satire, besonders Lucilius, verpflichtet, aber auch den bodenständigen dramatischen Formen, z. B. dem Mimus. Wie Lucilius mischt er unbedenklich Griechisch und Lateinisch (daß das in der Umgangssprache üblich war, zeigen Ciceros Briefe). Im Reichtum der Metren geht er weit über Menipp hinaus — eine Frucht seiner metrischen Studien. Im Gegensatz zu Menipp ist der Maßstab seiner Kritik nicht so sehr die kynische „Natur" wie die römische „Sitte". Nicht ohne Grund läßt ihn Cicero (ac. 2, 1, 8) von sich sagen, er habe Menipp nachgeahmt, doch nicht übersetzt. Die „Menippeischen Satiren" haben in Senecas *Apocolocyntosis* und im Roman des Petron Nachfolge gefunden; später (Martianus Capella, Boethius) wurde die Form auch für ernste Literatur übernommen. — Als fast Achtzigjähriger schrieb Varro seine 3 Bücher *rerum rusticarum*. Inhaltlich wenig selbständig (1: Ackerbau, 2: Viehzucht, 3: Vogel- und Fischzucht), hat dieses Werk (fast zur Gänze erhalten) durch die geschickt behandelte Dialogform, den altväterischen Witz und die oft leicht archaisch getönte Sprache einen gewissen Reiz. Das Liebäugeln mit der alten Zeit ist auch hier unverkennbar.

Mehr noch als Cicero spannt der langlebige Varro eine Brücke zwischen den Zeiten — von Lucilius und Accius bis zum Aufstieg des Vergil und Horaz, nur steht er nicht wie Cicero im Brennpunkt der geistigen Bewegungen.

Seine Neigung zum Pythagoreertum — er wollte sogar nach pythagoreischem Ritus bestattet werden (Plin. nat. 35, 160) — ging allerdings nicht so weit wie die seines (und Ciceros) Freundes P. NIGIDIUS FIGULUS, der nicht nur über Mantik und Astrologie schrieb (*Sphaera Graecanica* und *barbarica*), sondern auch im Leben Okkultismus und Hellseherei übte; neben einer Schwäche etwa für pythagoreische Zahlensymbolik steht bei Varro der Rationalismus des Wissenschaftlers. Auch er hielt es mit der „doppelten Wahrheit" der Stoiker: für die Gebildeten die eine, für *tout le monde* die andere. Als Gelehrter hat er die griechische Bildung in ihrer ganzen Breite, wenn schon nicht in ihrer Tiefe, in sich aufgenommen und die Methoden griechischer Forschung auf Gegenstände angewandt, die für den Römer praktische oder wenigstens sentimentale Bedeutung hatten. Doch bleibt er allzu oft im Material stecken, und auch seine pedantischen Klassifikationen können nicht über den Mangel echter Systematik hinwegtäuschen. Aber er hat einen Schatz von Wissen gesammelt und durch eigene antiquarische und literarhistorische Forschung bereichert, wovon schon Verrius Flaccus und nach ihm noch viele Jahrhunderte zehrten, und hat für den Westen ein Programm allgemeiner Bildung geschaffen, das in gewissem Sinn noch heute Geltung hat.

Literatur: H. Dahlmann, RE Suppl. 6 (1935) 1172 ff. — J. Collart, Varron grammarien latin, 1954. — H. Dahlmann-R. Heisterhagen, Varronische Studien 1: Zu den Logistorici, 1957. — H. Dahlmann-W. Speyer, Varronische Studien 2, 1959. — H. Dahlmann, Studien zu Varro „De poetis", 1963.

3. Geschichtschreibung und Biographie

Unter den Historikern ragt C. IULIUS CAESAR (100—44) nicht nur durch seine gewaltige Persönlichkeit hervor, sondern auch durch den einzigartigen Charakter seines Geschichtswerkes. Caesars Leben erzählen hieße die Geschichte seiner Zeit schreiben; hier kommt nur der Schriftsteller in Frage, der sich freilich von dem Politiker nicht trennen läßt. Natürliche Begabung, umfassende Bildung und die Konvention seines Kreises hatten Caesar schon in früher Jugend zur Literatur geführt (Suet. Iul. 56 erwähnt

Laudes Herculis und eine Tragödie *Oedipus*); auch während der intensivsten Tätigkeit der späteren Jahre fand er stets dafür Zeit: so schrieb er beim Alpenübergang des Jahres 54 für Cicero die zwei Bücher *De analogia* (eine Verteidigung seines sprachlichen Purismus), 46 auf dem Weg nach Spanien ein Gedicht *Iter* (offenbar nach Lucilius); seine Charakteristik des Terenz (S. 64 f.) war vielleicht ein Extempore. Die zwei Bücher *Anticatones* (gegen die Elogien des Cicero und Brutus) fallen unter die pamphletistische Literatur der Krisenzeit. Als Redner war er nach dem Urteil Quintilians (10, 1, 114) dem Cicero fast ebenbürtig; Cicero selbst (Brut. 252, 261 f.) rühmt an Caesar nicht nur die Reinheit und Eleganz der Sprache, sondern auch den großen Eindruck seines Vortrags und Auftretens. Die Fragmente von Caesars Reden lassen einen von dem ciceronianischen völlig verschiedenen Stil erkennen; ohne ins Extrem zu fallen, stand er dem Attizismus doch sehr viel näher. Neben den Reden Caesars kannte das Altertum auch Sammlungen seiner Briefe; erhalten sind nur die wenigen Stücke, die Cicero gelegentlich seinen Briefen an Atticus beilegte.

Ganz ernst genommen hat Caesar seine literarische Tätigkeit nicht; sie war ihm teils Entspannung in müßigen Stunden, teils Wegbereiterin seiner Politik. In diesem Licht müssen wir auch das Werk sehen, das ihm einen Platz in der Weltliteratur gibt: seine *Commentarii rerum gestarum*, die 7 Bücher *De bello Gallico* und die 3 Bücher *De bello ciuili*. „Propaganda“ im modernen Sinn waren sie nur bedingt. Natürlich soll die Darstellung seiner gallischen Siege Eindruck machen, natürlich will er die ohne eigentlichen Auftrag unternommene Eroberungspolitik, deren geschichtlicher Weitblick sich sehr wohl mit der Absicht verträgt, ein Fundament persönlicher Macht zu legen, als notwendige Sicherungsmaßnahmen hinstellen, aber der Kreis der Leser ist doch auf die Standesgenossen beschränkt; die Bücher über den Bürgerkrieg haben vielleicht ein etwas weiteres Publikum im Auge, sie sind zweifellos als Rechtfertigung gemeint und wollen dem

Senat und Pompeius an dem Konflikt die Schuld geben. Aber beide „Kriege“ sind doch in erster Linie Selbstzeugnis des Politikers, der seine Version der Ereignisse festgehalten haben möchte. Dem entspricht die streng sachliche (darum nicht notwendig objektive) Darstellung: es ist nicht „Geschichte“, sondern ein „Amtsbuch“ (aber die „Blaubücher“ und „Weißbücher“ moderner Regierungen sind keine genaue Parallele). Darum fehlen z. B. die Satzklauseln, die Caesar in seinen Reden natürlich beobachtet. Mit dem besonderen Charakter dieser Bücher muß auch der Historiker rechnen. Daß Caesar die Tatsachen auf raffinierte Art „zurechtrückt“, steht außer Zweifel; man hat nicht ganz mit Unrecht gesagt, er mißrepräsentiere. Aber faktische Unwahrheit läßt sich nur selten nachweisen (z. B. die Behauptung, Caesar habe die Staatskasse in Rom unverschlossen gefunden, ciu. 1, 14, 1) und auch Verschleierung von Tatbeständen oder Zusammenhängen sollte man nicht ohne bestimmten Grund annehmen.

Primärquellen der *Commentarii* sind natürlich die Berichte von Caesars Offizieren und seine eigenen Feldzugsjournale; für das *Bellum Gallicum* auch Caesars offizielle Berichte an den Senat, das römische Gegenstück zu den Berichten hellenistischer Generäle an ihre Herrscher. Wie wir uns den Rohstoff vorzustellen haben, lassen die beiden kurzen Schreiben Caesars bei Cicero, epist. 9, 13 und 14, ahnen; auch das *Bellum Africum* und *Bellum Hispaniense* des cäsarianischen Corpus wird dem Stil solcher Berichte nahestehen. Die veröffentlichten *Commentarii* Caesars haben ihre unmittelbaren literarischen Vorläufer in den Memoiren des Scaurus, Rutilius Rufus, Lutatius Catulus, Sulla, die ja auch im wesentlichen die eigene Politik (oder, wie Catulus, eine militärische Aktion) rechtfertigen wollten. Aber während sich jene ganz offen als Literatur gaben, wahrt Caesar seinen *Commentarii* den Charakter von *Hypomnemata,* Skizzen oder Unterlagen für ein literarisches Geschichtswerk, wie z. B. Ciceros für Poseidonios bestimmtes Memorandum über sein Konsulat. Bei Caesar ist das natürlich literarische Fiktion. Seine *Commentarii* zeugen auf jeder Seite von bewußt und meisterhaft gehandhabter schriftstellerischer Kunst. Am ehesten wahrt noch Buch 1 des Gallischen Krieges die Form eines echten „Journals“: die beiden Feldzüge des Jahres 58, der gegen die

Helvetier und der gegen Ariovist, stehen so gut wie unverbunden nebeneinander. Dagegen malt Caesar in Buch 7 den Aufstand und die endliche Niederlage des Vercingetorix, ohne doch den gewählten Rahmen zu sprengen, als ein fast dramatisches Geschichtsbild; auch das Kunstmittel der direkten Rede fehlt nicht, doppelt wirksam durch sparsamen Gebrauch. Vercingetorix ist der einzige Gallier, den Caesar als Person lebendig werden läßt, sei es auch nur als Folie zur eigenen Größe. Ein Element literarischer Geschichtschreibung sind auch die geographischen, ethnographischen und technischen Exkurse (Bau der Rheinbrücke, Sueben, Britannien, Sitten der Gallier und Germanen), ob sie nun von anderen unter Caesars Augen verfaßt oder von ihm selbst (natürlich z. T. aus literarischen Quellen) eingelegt sind. Wieweit Caesar dabei Hintergedanken hatte, ist schwer zu sagen; sicher hatte er für solche Dinge Interesse und durfte es auch bei seinen Lesern voraussetzen.

Caesars Stil ist einzigartig. Das puristische Analogieprinzip (*tamquam scopulum ita fugias inauditum atque insolens uerbum,* wie Gellius 1, 10, 4 aus *De analogia* zitiert), das Caesar in seinen Reden mit einiger Freiheit handhabte, ist hier, besonders im *Bellum Gallicum,* in jeder Hinsicht — Vokabular, Wortformen, Phraseologie, Konstruktionen — mit strenger Konsequenz durchgeführt. Das *Bellum ciuile* ist stilistisch nicht ganz so streng. Das braucht nicht Absicht zu sein; Caesar schrieb es in Eile und wird manchmal Berichte seiner Offiziere nur unvollkommen in den eigenen Stil umgesetzt haben. Nicht weniger als durch ihre Sprache zeichnen sich die *Commentarii* durch große Anschaulichkeit bei gedrängter Darstellung aus. Das tritt besonders in der Landschaftsschilderung hervor: da ist nichts pittoresk, alles Struktur — mit dem Auge des Strategen gesehen. Wer je auf der Schule das erste Buch des Gallischen Krieges gelesen hat und später einmal nach Besançon kommt, wird vor etwas Bekanntem stehen — Caesars Beschreibung von Vesontio (1, 38); man halte dagegen die Beschreibung desselben Ortes in der *Vita s. Columbani* (1, 20) des Jonas von Bobbio (7. Jahrhundert), um sich der Kunst Caesars voll bewußt zu werden, seiner Gabe nicht nur der Darstellung, sondern auch und vor allem des Sehens.

Das auffallendste Stilmerkmal der Commentarii ist, daß Caesar von sich stets in der dritten Person berichtet. Das ist nicht mit der Form des *Commentarius* gegeben. Der Bericht gewinnt dadurch an Klarheit wie an Distanziertheit und erweckt einen auf keine andere Weise erzielbaren Eindruck von Objektivität. Daß Caesar auch sonst gelegentlich von sich in der dritten Person sprach (am bezeichnendsten das Dictum nach der Schlacht bei Pharsalus, Suet. Iul. 30, 4), hat damit kaum zu tun.

Ob die *Commentarii de bello Gallico* Jahr für Jahr im Winter, in der verhältnismäßigen Ruhe von Gallia Cisalpina (Barwick), oder in einem Zug nach Kriegsende abgefaßt wurden (Klotz, Norden), läßt sich nicht sicher entscheiden; neuestens hat Adcock ein Kompromiß vorgeschlagen: die *Commentarii* seien zwar Jahr für Jahr entstanden, aber als einheitliches Werk 51/50, als Caesar sich neuerdings um das Konsulat bewerben wollte, herausgegeben worden. Die Bücher *De bello ciuili* müssen zwischen 49 (48) und 44 geschrieben sein, aber auch hier sind noch keine zwingenden Beweise für Publikationsdaten erbracht.

Das Corpus Caesarianum. Die Lücke zwischen *Bellum Gallicum* (1—7, d. i. 58—52) und *Bellum ciuile* (49—48) füllt das 8. Buch *De bello Gallico.* Sein Verfasser ist A. HIRTIUS, ein hoher Stabsoffizier Caesars, der offenbar mit der Vorbereitung der *Commentarii* zu tun gehabt und sich den Stil seines Generals in hohem Maß zu eigen gemacht hatte. Die Abfassungszeit ist unbestimmbar; das Vorwort kann erst nach Caesars Tod geschrieben sein. Hirtius selbst fiel als Konsul vor Mutina (43). Vielleicht ist er auch der Verfasser des anonymen *Bellum Alexandrinum,* das sich an das 3. Buch von Caesars *Bellum ciuile* anschließt. Die Fortsetzung des Krieges (*Bellum Africum* und *Hispaniense*) ist das Werk von Offizieren, die keinen Anspruch auf Stil erheben können; während der Autor des *Bellum Africum* immerhin ein intelligenter strategischer Beobachter war, läßt sich vom Autor des *Bellum Hispaniense* auch das nicht behaupten. Als Beispiele des *sermo castrensis* sind beide Werke dem Philologen interessant. — Diese *Bella* hatten sich vielleicht im Nachlaß des Hirtius gefunden; sie wurden in einem der beiden schon antiken, aber erst in karolingischen und nachkarolingischen Handschriften erhaltenen Überlieferungszweige mit dem *Bellum ciuile* vereint und sind so auf uns gekommen.

Literatur: Napoléon III, Histoire de Jules César, 2 Bde, 1865—1866; fortgesetzt von Stoffel, Histoire de Jules César, Guerre civile, 2 Bde, 1887. — M. Gelzer, Caesar, der Politiker und Staatsmann, 1921. — F. Beckmann, Geographie und Ethnographie in Caesars Bellum Gallicum, 1930. — H. Oppermann, Caesar, der Schriftsteller und sein Werk, 1933. — K. Barwick, Caesars Commentarii und das Corpus Caesarianum, 1938; Caesars Bellum ciuile, 1951. — F. E. Adcock, Caesar as a Man of Letters, 1956.

Historische Studien trieb auch ein Freund Ciceros, der aus Oberitalien stammende Cornelius Nepos (etwa 99—24). Catull, der ihm seine Gedichte widmete, spielt (1, 5 f.) auf dessen *Chronica* an, die auch durch Gellius und andere späte Autoren bezeugt sind. Es handelte sich wohl um ein chronikartiges Werk, das neben römischen auch griechische Ereignisse verzeichnete; Mythen scheinen euhemeristisch als Frühgeschichte behandelt worden zu sein. Bekannter ist Nepos als Biograph, wenn auch nicht er es erst war, der diese Literatur in Rom heimisch machte. Er schrieb u. a. Biographien des älteren Cato und des Cicero. Sein Hauptwerk *De uiris illustribus* (mindestens 16 Bücher) enthielt kurze Biographien von Römern und Griechen, in Gruppen zusammengefaßt wie Varros *Imagines*. Erhalten ist nur das Buch *De excellentibus ducibus exterarum gentium* und zwei Biographien (Cato — ein Auszug aus dem längeren Werk — und Atticus) aus dem Buch *De historicis Latinis*. Nepos ist nicht nur unselbständig als Historiker (er schöpft fast nur aus abgeleiteter Literatur, der hellenistischen Schriftstellerei über „Große Männer"), er ist auch ein recht mäßiger Stilist und ein noch mäßigerer Denker; schon Plinius (nat. 5, 4) hat ihn so eingeschätzt. Er wird den Durchschnittsgebildeten seiner Zeit repräsentieren.

Die ausführlichste und lebendigste Biographie des Nepos gilt seinem und Ciceros Freund T. Pomponius Atticus (109—32). Bankier und „Verleger" großen Stils, war er auch ein hochgebildeter Mann von weiten Interessen. Seine besondere Liebe galt der Familiengeschichte. Das zeigte sich auch in seinem Hauptwerk, dem *Liber annalis* (47 veröffentlicht), einer Stadtchronik, die neben der politischen die Familiengeschichte, aber auch die Literatur berücksichtigte. Seine Chronologie fußt auf Varro.

Historiker im vollen Sinn des Wortes ist C. Sallustius Crispus. Im sabinischen Amiternum 86 geboren, versuchte auch er als *homo nouus* politische Karriere zu machen. Anhänger Caesars, war er unter dem Triumvirat Quästor (das Datum steht nicht fest) und 52 Volkstribun, ein heftiger Gegner Milos und Ciceros. Sein Privatleben, nicht besser (und vielleicht nicht schlechter) als das der höheren römischen Gesellschaft, die er später so hart kritisierte, nahm man im Jahre 50 zum Vorwand, um den Caesarianer aus dem Senat auszustoßen. Caesar rehabilitierte ihn (47); nach seiner Prätur (46) erhielt er mit dem Titel eines Prokonsuls die Provinz Afrika. Er muß sich dort gründlich bereichert haben; sein Freispruch in der Erpressungsklage, die, wie üblich, dem Amtsjahr folgte, beweist nur, daß er mächtigen Einfluß hatte. Sein Haus und die berühmten *horti Sallustiani* auf dem jetzigen Monte Pincio wurden später Eigentum und zeitweise Residenz der römischen Kaiser. Im Jahre 35 ist Sallust gestorben.

Die historischen Werke des Sallust sind alle im letzten Jahrzehnt seines Lebens entstanden, nach Caesars Tod; auch ihm war die Politik verleidet worden, besonders durch Antonius und seine Kreaturen im Senat (Iug. 4, 4). Seine Geschichtschreibung ist gleichsam ein Epilog auf die Jahrzehnte, die er bewußt erlebt hatte. Aber darüber hinaus will Sallust die Geschichte deuten und ihr Studium fruchtbar machen. Mit diesem im antiken Sinn „politischen" Ziel seiner Schriftstellerei begründet er — erst zurückhaltend (Cat. 3, 1), später mit fester Überzeugung (Iug. 4, 1. 4) — den Anspruch des Historikers, gleichwertig neben dem aktiven Staatsmann zu stehen. Wer seine Aufgabe als Historiker so auffaßt, der kann nicht annalistische Geschichte schreiben; er wird sich nach Stoffen umsehen, an denen ihm und anderen der Sinn der Geschichte besonders deutlich wird. Sallust schrieb zunächst zwei Monographien, eine über die Catilinarische Verschwörung, die andere über den Krieg mit Iugurtha; die Wahl der Gegenstände ist bezeichnend. Auch sein letztes Werk, die *Historiae*, mit denen er Sisenna fortsetzte und bis aufs Jahr 67 weiterführte, war den Vorgängern in Anlage und Kunstform ähnlich; daß ihr Held Sertorius war, wie Schulten meinte, läßt sich bei der trümmerhaften Erhaltung[1]) nicht sicher behaupten.

Catilina und *Historiae* behandeln Zeitgeschichte; aber auch der *Iugurtha* greift nicht weit über die jüngste Vergangenheit zurück und schildert Zustände, in denen sich die eigene Zeit spiegeln konnte.

1) Außer den Reden und Briefen, die zusammen mit denen der Monographien eine gesonderte Überlieferung haben, sind bedeutende Reste eines Palimpsests in Berlin, im Vatikan und vor allem in Orléans (entdeckt von E. Hauler, 1886) erhalten; daneben Fragmente bei späteren Autoren.

Ob Sallust schon vor Caesars Tod veröffentlichte, ist umstritten. Unter seinem Namen sind zwei politische Briefe an Caesar und eine Invektive gegen Cicero überliefert, letztere mit Ciceros Antwort. Namhafte Forscher neigen zur Anerkennung der Echtheit (zuletzt K. Büchner, Sallust, 1960; K. Vretska, 1961). Die Invektive fiele dann in das Jahr 54, der erste Brief kurz vor den Ausbruch des Bürgerkrieges, der zweite nach Caesars Sieg bei Thapsus (46). Das entscheidende Gegenargument ist stilistisch: nur ein Nachahmer des Sallust kann dessen historischen Stil in einem politischen Pamphlet geschrieben haben: E. Fraenkel Journ. Rom. Stud. 41 (1951) 192—94; vgl. A. La Penna, Gnomon 34, 1961, 469—73. Doch sind jene Stücke darum nicht wertlos; sie benutzen historisches Material, das uns verloren ist.

Unter den römischen Historikern hat Sallust einen besonderen Platz. Im Sinn der antiken Theorie ist ihm die Geschichtschreibung eine Kunstform. Doch steht er der rhetorisch-pathetischen Geschichtschreibung des Hellenismus, die aus der Schule des Isokrates kommt, ebenso fern wie der romantischen der Alexanderlegende; anderseits ist er nicht pragmatischer Geschichtschreiber wie Polybios oder sein römischer Nachfolger Sempronius Asellio. Er knüpft bewußt und direkt an Thukydides an. Seine Reden, Briefe und Exkurse sind nicht, wie im Hellenismus, Ornament, sie dienen, wie bei Thukydides, der historischen Interpretation. Während aber Thukydides das sorgfältig erhobene und kritisch geprüfte Tatsachenmaterial einer, man möchte fast sagen, hippokrateischen Diagnose unterwirft, tritt Sallust an seinen Gegenstand als Dogmatiker heran, mit einer aus Leben und Lektüre zusammengewachsenen Geschichtsphilosophie, die er immer wieder in den besonderen Ereignissen bestätigt sieht. An den Tatsachen als solchen hat er kein echtes und unmittelbares Interesse; es sind ihm auch öfters Irrtümer und Flüchtigkeiten unterlaufen. Beteuerungen der Wahrheit (nur in bezug auf Zeitgeschichte) mögen konventionell sein, aber bewußte Geschichtsfälschung läßt sich nur selten nachweisen; er selbst beansprucht nur (Cat. 4, 4; vgl. hist. 1, 6) die ihm mögliche Objektivität (*quam uerissume potero*). Nicht nur hat er ein vorgefaßtes Bild von den in der Geschichte wirkenden Kräften, er schreibt auch als Parteimann. Wo er, wie oft im *Iugurtha*, deutlich unterscheidet zwischen dem, was er in eigenem Namen sagt, und dem, wovon er sich distanziert, da handelt es sich stets um Verschiedenheiten der Beurteilung. Vielleicht hat er es mit Absicht vermieden, über die Zeit zu schreiben, da er selbst politisch tätig war.

Das Vorbild eines philosophischen Historikers war damals Poseidonios, und es ist verständlich, daß man annahm, Sallust sei von ihm abhängig. Doch hat ihm Sallust, soweit wir sehen, außer manchen faktischen Einzelheiten nur wenig verdankt. Er kennt seinen Platon, sieht auch sein eigenes Ausscheiden aus der Politik im Licht von Platons 7. Brief; dennoch ist seine politische Philosophie nicht platonisch oder platonisierend. Noch weniger ist sie stoisch; stärker noch als Cicero im „Staat", den Sallust zweifellos kannte, ist er dem Dikaiarch und seiner Empfehlung des praktischen Lebens verbunden. Während bei Cicero der Politiker und der Philosoph z. T. getrennte Wege gehen, z. B. in der Auffassung der *uirtus* oder in der Bewertung des Ruhmes, ist für Sallust der Ruhm Ziel und Motiv des Handelns; freilich nur ein Ruhm, der durch *uirtus* gewonnen ist — nicht die *uirtus* der Philosophen, sondern — wieder im Sinne Dikaiarchs — die der unreflektierenden „Weisen", mit denen Sallust, wie Cicero im *Laelius*, die Römer der alten Zeit identifiziert: eine praktische Tüchtigkeit, deren Wesen durch das Herkommen, nicht durch theoretische Spekulation bestimmt wird. Diese *uirtus* hat Rom groß gemacht; ihre Zersetzung durch Ehrgeiz, Machtgier (*lubido dominandi:* Cat. 2, 2), Reichtum und Üppigkeit ist schuld an seinem Niedergang. Das ist das Leitmotiv des *Catilina* wie des *Iugurtha*, in den Proömien wie in den Reden, Charakteristiken und Exkursen. Der Gegensatz zwischen Predigt und Prediger fiel schon den Zeitgenossen unliebsam auf; er hat den Grammatiker LENAEUS, einen Freigelassenen des Pompeius, zu einem bitteren Pamphlet veranlaßt. Freilich preist der Mensch gern am höchsten, was ihm am meisten fehlt. Einer viel ernsteren

Kritik setzt sich die Ideologie des Sallust durch ihre Primitivität und ihren apriorischen Charakter aus; beide werden am Gegenbild des Thukydides besonders deutlich. Im einzelnen malt Sallust keineswegs in Schwarz und Weiß: er macht die Größe des verbrecherischen Catilina ebenso glaubhaft wie er die Schattenseiten, ja das potentiell Gefährliche, in der Natur des Volkshelden Marius betont. Seine Darstellung ist reicher geschichtet als der erste Eindruck vermuten läßt; dem sollte noch gründlicher nachgeforscht werden.

Ungeteilte Bewunderung verdient Sallusts Kunst der historischen Darstellung. Der Aufbau der Monographien, der aus dem Bild des Autors von seinem Gegenstand organisch herauswächst, die Spannung, die unaufdringlich erregt und bis zum Ende aufrechterhalten wird, die trotz ihrer simplen psychologischen Kategorien einleuchtenden Charakterisierungen — teils direkt (Sempronia, Cat. 25), teils unfreiwillige Selbstenthüllung des Redenden (Marius, Iug. 85) —, nicht zuletzt die durch ihre archaische Härte so einprägsame Sprache üben heute wie im Altertum ihre Macht auf den Leser aus. Es ist schöpferische Nachahmung des Thukydides — nicht nur in den reflektierenden Exkursen (z. B. Cat. 53 f.), in den Reden und Briefen, sondern ganz allgemein in Sprache und Stil. Thukydides steht nahe am Anfang der attischen Prosa und wirkt darum, mit späteren Attikern verglichen, altertümlich; Sallust schreibt daher (doch nicht einzig aus diesem Grund!) mit Absicht ein archaisierendes Latein, besonders in manchen Reden, ein Latein, das dem Zensor Cato und den alten Historikern, aber auch — das liegt in der Natur der Sache — dem episch-historischen Stil des Ennius nachgebildet ist. Zeitgenossen, z. B. Asinius Pollio (Suet. gramm. 10; Gell. 10, 26), nahmen Anstoß an der Kühnheit und Dunkelheit seiner Ausdrucksweise; auch Livius (Sen. contr. 9, 1, 14) hat Sallusts Stil kritisiert. Tacitus dagegen nennt den Sallust *rerum Romanarum florentissimus auctor* (ann. 3, 30) und steht selbst stilistisch stark unter dessen Einfluß. Die Archaisten (Fronto, Gellius) haben Sallust bewundert. Von da an hat sein Ruhm nicht mehr aufgehört; dem Mittelalter ist er „der" Historiker gewesen.

Literatur: O. Seel, Sallust, 1930. — K. Latte, Sallust, 1934. — V. Pöschl, Grundwerte römischer Staatsgesinnung in Sallust, 1940. — F. Egermann, Die Proömien zu den Werken des Sallust, 1932. — K. Vretska, Studien zu Sallusts Bellum Iugurthinum, 1955. — P. Perrochat, Les modèles grecs de Salluste, 1949. — E. Skard, Sallust und seine Vorgänger: eine sprachliche Untersuchung, 1956. — W. Steidle, Sallusts historische Monographien: Themenwahl u. Geschichtsbild, 1958. — D. C. Earl, The political thought of Sallust, 1961.

4. Die Dichtung

Der literarische Mimus. Nachdem schon in Sullas Zeit Matius mit seinen Mimiamben eine dem Stegreifspiel des Mimus geistesverwandte, an griechischem Vorbild geschulte Kunstform entgegengestellt hatte, die freilich nicht für die Bühne gedacht war, tritt jetzt der Mimus als literarische Komödie das Erbe seiner Vorgänger, Palliata, Togata und Atellane, an — natürlich in enger Anlehnung an die Lustspielformen, die er verdrängte. Die bedeutendsten Mimendichter sind der Ritter D. Laberius und der aus Antiochia (?) gebürtige Freigelassene Publilius Syrus. Von Laberius, der seine Mimen sorgfältig ausarbeitete, sind uns zahlreiche Titel bekannt, in denen wir einerseits Stoffe der Palliata (*Colax, Hecyra, Phasma*), anderseits solche der Togata und Atellane (*Augur, Fullo, Staminariae* „Die Weberinnen", *Nuptiae, Gemelli, Compitalia, Saturnalia*) erkennen. Publilius war als Schauspieler berühmt, der zu improvisieren liebte. Von seinen Mimen werden nur zwei Titel und wenige Fragmente zitiert. Doch hat man schon früh die Moralsprüche (*sententiae*), an denen seine Stücke reich waren (das Moralisieren gehört ebenso zum Mimus wie der Realismus) gesammelt und später herausgegeben.

D. Laberius zeigt sich, wie bei seinem Stand zu erwarten war, als Mann von Bildung. In den erhaltenen Versen finden sich nicht wenige Anspielungen auf die Philosophie: die Kyniker, Demokrit, die Lehren der Pythagoreer. Auch an politischen Seitenhieben ließ er es nicht fehlen, besonders auf Caesar (z. B. in seiner *Necyomantia*). Caesar rächte sich, indem er im Jahre 46 den sechzigjährigen Laberius einlud, bei seinen Triumphspielen an einem Wettkampf improvisierter Mimen teilzunehmen, wozu Caesars Günstling Publilius Syrus seine Rivalen herausgefordert hatte; das bedeutete für Laberius, der sich der Einladung Caesars nicht entziehen konnte, öffentliches Auftreten als Mimus und damit Verlust der Standesehre. In dem erhaltenen Prolog ergibt sich Laberius mit vornehmer Resignation in sein Schicksal. Im Mimus selbst, aus dem einige Verse zitiert werden, gab es nicht nur Ausfälle gegen den Nebenbuhler (Laberius spielte die Rolle eines Sklaven Syrus!), sondern auch gegen die Diktatur Caesars. Dieser gab als Schiedsrichter dem Publilius den Preis, dem Laberius aber gab er den Ring, das Abzeichen des Ritterstandes, wieder (Macr. sat. 2, 7). Laberius starb anfangs 43 in Puteoli. Seine Mimen waren trotz der Ansprüche, die er an das Publikum stellte, populär; das mögen sie ihrer (uns nicht mehr kenntlichen) Handlung verdankt haben, gewiß aber auch ihrer lebhaften, volkstümlichen und oft, wie es das Genre verlangte, recht derben Sprache.

Als Laberius starb, stand PUBLILIUS SYRUS auf der Höhe seines Ruhmes. Leider können wir uns von den Mimen des Syrus noch weniger ein Bild machen als von denen des Laberius. Das einzige längere Fragment, das Petron seinen Trimalchio aus einem ungenannten Mimus des Publilius Syrus zitieren läßt (sat. 55: literarische Fiktion?), gehört zu den bekannten Gemeinplätzen gegen Tafelluxus und verführerische Frauenkleidung. Eine Sammlung der Sprüche (*Publilii Syri mimi sententiae*) gab es schon im 1. Jahrhundert n. Chr.; sie wurde als Schulbuch verwendet (Sen. epist. 33, 7). Von den etwa 700 Sprüchen, meist jambische Senare, die in mehreren Rezensionen des Mittelalters überliefert sind, wird nur ein Teil dem Syrus gehören; wie den *Monostichoi* Menanders so ist auch hier dem echten Grundstock viel Anonymes ähnlicher Art zugewachsen.

Einsam, doch nicht beziehungslos steht T. LUCRETIUS CARUS in seiner Zeit wie in der Literatur seines Volkes. Nicht, weil er als überzeugter Epikureer der Politik fern blieb; das taten damals auch andere. Lukrez ist auch als Dichter eine Persönlichkeit, die man sich schwer in ihrem sozialen Kontext vorstellen kann. Die Lehre Epikurs, zumal seine Physik, in einem Gedicht zu verkünden, war ein doppeltes Wagnis: der Gedanke einer philosophischen Dichtung war für den orthodoxen Epikureer absurd, und seine Ausführung hatte mit fast unlösbaren ästhetischen Problemen zu kämpfen (vgl. Ciceros vernichtendes Stilurteil über die lateinischen Epikureer Rabirius und Amafinius, ac. 2, 5, 6; Tusc. 1, 6; 2, 7; 4, 6 f.). Das Schulvorurteil gegen die Dichtung hatte über Lukrez, den geborenen Dichter, der erst in reiferen Jahren Epikureer geworden sein dürfte, keine Macht; und war er gleich erfüllt von Epikurs Lehre, von epikureischem Temperament ist bei ihm keine Spur. Von Natur zur Schwermut neigend, muß er sich der Erlösung, die er bei Epikur gefunden hat, gleichsam immer aufs neue versichern; daher sein Drang, sie mit dem Eifer des Missionars zu verkünden. Seine Begeisterung hat ihn selbst in jenem trockenen Stoff den Keim einer Dichtung sehen lassen und seine Kunst hat daraus das Meisterwerk *De rerum natura* gemacht, eines der wenigen Lehrgedichte der Weltliteratur, das dauernde Wirkung übte.

Lukrez — wahrscheinlicher ein vollbürtiges Glied der *gens Lucretia* als ein Klient —, nach Hieronymus im Jahre 96 oder 95 geboren, verfiel angeblich durch einen Liebestrank in Wahnsinn und beging in diesem Zustand, noch nicht 44 Jahre alt, Selbstmord; in den lichten Pausen seiner Geisteskrankheit dichtete er sein Epos, das Cicero „nachher" (also aus dem Nachlaß) „emendierte". Die Einzelheiten dieses Berichtes sind nicht unglaubwürdig; als Ganzes unterliegt er schweren Bedenken. In der Vergilvita des Donat (2) heißt es, Vergil habe im Alter von 17 Jahren (*sic*), an seinem Geburtstag, unter denselben Konsuln Pompeius und Crassus, unter denen er (70) geboren war — also 15. Oktober 55 —, die *toga uirilis* angelegt, und an demselben Tag sei Lukrez gestorben. Diese Datierungselemente sind aber nicht vereinbar: das frühere der beiden Geburtsdaten bei Hieronymus und das 17. Jahr Vergils führen auf 53, nicht 55, als Todesjahr des Lukrez. Das Datum „15. Oktober 55" mit seinem künstlichen und widerspruchsvollen Synchronismus wird einzig durch die Annahme gestützt, Cicero habe im Jahre 54 die *poemata Lucreti* — wenn damit *De rerum natura* gemeint ist — erst aus dem Nachlaß kennengelernt; aber Ciceros Brief vom Jahr 54 (ad Q. fr. 2, 9, 3) äußert sich nur anerkennend über *poemata* des Lukrez im allgemeinen und sagt nichts darüber, ob der Dichter damals schon tot oder noch am Leben war. Ein Gedicht wie *De rerum natura* ist schwerlich in Wahnsinnspausen entstanden; doch war Lukrez anscheinend depressiv und mag sich in einem Augenblick geistiger Verwirrung (ob infolge eines Liebestranks?) das Leben genommen haben. Sein Lehrgedicht lag unfertig vor; wenn es Cicero aus dem Nachlaß herausgab (was weder Hieronymus mit *emendauit* meinen noch Cicero an der genannten Briefstelle sagen muß), dann hat er mit gleicher Pietät gehandelt wie Varius als Herausgeber der Aeneis.

Die 6 Bücher *De rerum natura* stellen die Physik, Psychologie und Kulturtheorie Epikurs dar; die epikureische Ethik ist nur nebenbei behandelt. Buch 1 und 2 enthalten die Lehre von den Atomen, 3 und 4 die Lehre vom Lebensprinzip (*anima*) und Geist (*animus*), 5 und 6 die Lehre von der Welt und ihren Phänomenen, himmlischen wie irdischen, einschließlich der Entstehung und Entwicklung der menschlichen Kultur. In den Büchern 1, 2 und 5, die vielen Forschern als die ältesten gelten, wendet sich Lukrez an C. Memmius, der damals (57) als Proprätor in Bithynien war; ihn will er für die Lehre Epikurs gewinnen, die er an sich selbst als geistige Befreiung erlebt hatte. Die Art, wie Lukrez zu Memmius redet, weist nicht auf soziale Ungleichheit hin.

Quelle des Lukrez sind vor allem die (uns nur z. T. erhaltenen) Schriften des Epikur selbst. Künstlerisches Vorbild war in vielem das Gedicht *Peri physeos* des Siziliers Empedokles (um 450), von dem Lukrez (1, 716) mit Verehrung spricht. Der Anschluß zeigt sich nicht nur in Gegenständlichem (Epikur hatte z. B. Empedokles' Wahrnehmungslehre übernommen), sondern auch in Aufbau, Form und Geist. Lukrez steht damit nicht ganz allein: *Empedoclea* dichtete Ciceros Freund Cn. Sallustius, Gedichte *de rerum natura* sind von Varro und von einem Egnatius bezeugt; doch bleiben uns diese Dichtungen ganz schattenhaft.

Lukrez, so sagt er selbst, will Lehrer sein: als Jünger Epikurs will er die Menschen von der Religion, das heißt für ihn: von der Götter- und Todesfurcht, befreien durch die Erkenntnis, daß alles natürlich, alles vergänglich ist. Der Weg dahin führt über das schwierige und wenig anziehende Studium der epikureischen Physik. Das versüßt er dem Memmius durch seine Verse, wie der Arzt den Rand des Medizinbechers mit Honig bestreicht. Der Antrieb zu seinem Gedicht aber kommt ihm von den Musen. Er ist der erste, der sich auf dieses unbetretene Gebiet wagt, der die *ratio* der Schule zum Gegenstand eines *carmen* macht (1, 921 ff.). Wie Sallust durch seine Geschichtschreibung echten, um die Bürgerschaft verdienten Ruhm zu erwerben hofft, so beseelt eine ähnliche Hoffnung auch den Verkünder einer Philosophie des zurückgezogenen Lebens. Im Gegensatz zu Hedonisten wie Aristippos sieht Epikur, und mit ihm Lukrez, das Lustprinzip vor allem im einfachen, von Leidenschaften und anderer Beunruhigung des Geistes freien Leben verwirklicht: in der Freude an der Natur, im vernünftigen und mäßigen Sinnengenuß, im Studium des Wesens der Dinge, das aller irrationalen Furcht ein Ende macht. Der Überwinder der Religion wird dem Lukrez freilich zum Stifter einer neuen, einer Vernunftreligion, zu einem Erlöser, ja fast zum Gott. Auch sonst ist in diesem römischen Atheisten der römische *sensus religionis* lebendig. Bei der Beschreibung religiöser Zeremonien erwärmt er sich *malgré lui* für den Gegenstand und muß sich fast gewaltsam zur Raison rufen (1, 101 nach der Opferung der Iphigenie: *tantum religio potuit suadere malorum;* 2, 644 f., nach der packenden Schilderung des Kultes der Magna Mater: *quae bene et eximie quamuis disposta ferantur / longe sunt tamen a uera ratione repulsa*).

Römisches ist auch sonst in Fülle da, gleich vom Anfang an, wo Venus, Prinzip der biologisch-organisch verstandenen Natur, als Ahnfrau des Römervolkes (*Aeneadum genetrix*) und Schutzgöttin der Memmier angerufen wird.

Der Dichter Lukrez hat viele Töne, von nüchterner Exposition bis zum feierlichen Hymnus. Besonders gehoben sind die Proömien zu einzelnen Büchern: das Gebet an Venus (1), das Botticellis Primavera inspiriert hat, und der begeisterte Preis Epikurs (3 und 5); auch in dem langen Abschnitt über die Entwicklung der menschlichen Kultur, mit dem Buch 5 schließt, hebt sich der Ton. Noch unmittelbarer sprechen uns manche Schilderungen an, die die Lehre durchbrechen: Schilderungen der Natur in ihrer Lieblichkeit und ihren Schrecken, Schilderungen des Menschenlebens von seinen freundlichen wie furchtbaren Seiten — des Familienglücks (3, 894 ff.), der Liebesleidenschaft (Schluß von B. 4) oder der großen Seuche in Athen (6, 1138 ff., nach Thukydides). Aber auch im kleinen und einzelnen macht Lukrez Abstraktes lebendig und anschaulich. Die Differenzierung des Tons gehört mit zum Reiz des Gedichtes.

Stilistisch steht Lukrez zwischen „alter" und „neuer" Dichtung: zu der überall greifbaren Ennius-Nachahmung treten Berührungen mit der neoterischen Jugenddichtung Ciceros, den *Aratea*, und die typisch hellenistische Beschreibung der Kybele-Prozession (2, 600 ff.). Vorliebe für lange und seltene, oft zusammengesetzte Nominalbildungen gibt dem Vers des Lukrez eine vielleicht beabsichtigte Schwere (man wird an Pacuvius erinnert), die noch durch die Schwerfälligkeit des Versbaus verstärkt wird; aber vieles davon, wie auch die zahlreichen Entlehnungen aus dem Griechischen, ist doch in erster Linie durch den Gegenstand bedingt. Rhetorische Elemente sind sehr bewußt verwendet, vor allem gehäufte Alliteration; man hat in diesem Betonen des Buchstabenklangs wie in den auf äußeren Gleichklang gebauten Etymologien des Lukrez eine „Atomisierung" der Sprache erkennen wollen (die Buchstaben sind die Elemente, *stoicheia*, der Wörter!). Die häufige Wiederholung von Formulierungen und kürzeren oder längeren Versgruppen mag teils aus dem wissenschaftlichen Charakter des Gegenstandes zu erklären sein (viele *uersus iterati* sind Übersetzungen oder Periphrasen von Sätzen Epikurs: A. E. Raubitschek, A. J. P. 59, 218 ff.), teils aus dem unvollendeten Zustand des Gedichtes, teils — wie vielleicht auch bei Empedokles — aus epischer Tradition; doch wird auch mit späteren Interpolationen mehr zu rechnen sein als man jetzt meist annimmt. So erweist W. Schmid (Philologus 93, 1938, 338 ff.) das „Proömium" von B. 4 (1—25 = 1, 926 ff.) und die von J. Mewaldt (Hermes 43, 1908, 286 ff.) als Dublette zu 4, 26—44 erkannten *uersus iterati* 4, 45—53 als interpoliert. Damit ist die seit Mewaldt herrschende Meinung, Lukrez habe zunächst geplant, Buch 4 (Bilderlehre) unmittelbar auf 2 (Atomphysik) folgen zu lassen und ihm erst später Buch 3 (Psychologie) vorangestellt, schwer erschüttert.

Das Werk des Lukrez war bis ans Ende des Altertums bekannt, wurde auch in der Karolingerzeit studiert und abgeschrieben; im späten Mittelalter war es vergessen und wurde erst von Poggio wieder entdeckt. Seither ist Lukrez unser ständiger Besitz geblieben; bald als Atheist bekämpft, bald als Aufklärer gefeiert, vor allem aber, vom

Streit um seine Weltanschauung unberührt, als großer europäischer Dichter.

Literatur: C. Lachmanns kritische Ausgabe und Kommentar (1850) ist über den unmittelbaren Zweck hinaus ein Markstein in der Geschichte der Textkritik; dazu G. Müller, Die Problematik des Lukreztextes seit Lachmann: Philologus 102 (1958) 247—83; 103 (1959) 53—86. — Krit. Ausgabe mit dt. Übersetzung von H. Diels, 2 Bde, 1923—1924. — Erklärende Ausgaben von J. Munroe ([5]1903), C. Giussani (1896—98) und C. Bailey (3 Bde, 1947, mit ausführlicher Einleitung). — J. Mewaldt, RE 13 (1927), 1659 ff. — O. Regenbogen, Lukrez, seine Gestalt in seinem Gedicht, 1932. — G. della Valle, T. Lucrezio Caro e l'Epicureismo Campano, [2]1935. — C. Bailey, Lucretius, 1949. — P. Boyancé, Lucrèce et l'épicurisme, 1963. — K. Büchner, Stud. z. röm. Lit., Bd. 1: Lukrez u. Vorklassik, 1964. — Z. europ. Wirk. (bs. auf Goethe): W. Schmid, Antike u. Abendl. 2 (1946) 193 ff.

Die Neoteriker. Mit diesem der Spätantike (z. B. Serv. Aen. 6, 319) entlehnten, doch schon bei Cicero (*poetae noui* orat. 161, *neoteroi* Att. 7, 2, 1) vorgebildeten, Wort faßt man eine Anzahl von Dichtern zusammen, die eine Gruppe, wenn schon nicht eine Schule bilden. Sie repräsentieren eine Generation: ihre Kindheit oder frühe Jugend fällt unter die Diktatur Sullas, der Tod der meisten zwischen Pharsalus und Actium (48—31). Symptomatisch ist, daß mehrere aus der gallischen Transpadana stammen. Als Dichter stehen sie sich in der Ablehnung näher als in ihren positiven Zielen. Programmatisch ist ihre Abkehr von Ennius, die Ciceros gereiztes Wort von den *cantores Euphorionis*, „Nachbetern" des Alexandriners Euphorion, provozierte (Tusc. 3, 45). Es ist eine Absage an die ältere römische Dichtung in Geist und Form. Man will dichten wie die Griechen (Memmius war *fastidiosus litterarum Latinarum:* Cic. Brut. 247), und zwar wie die Alexandriner, die neben den alten Dichtern und über sie zum Rang von „Klassikern" aufrücken. Es ist *l'art pour l'art:* teils entlegene Stoffe, mit erlesener Gelehrsamkeit behandelt, die nach dem Kommentator verlangt (man will *poeta doctus* sein), teils vollendete Gestaltung auch des flüchtigsten persönlichen Erlebnisses; beides mit dem Ziel höchster formaler Kunst, wofür jedes Opfer an Zeit und Mühe gebracht wird: Helvius Cinna hat an seiner *Zmyrna* wirklich, wie später Horaz empfiehlt, neun Jahre gearbeitet und hat noch erlebt, daß sie kommentiert wurde. Nicht zufällig wird gerade jetzt — vielleicht durch Cinnas Freund Par-

THENIOS vermittelt, der zwischen 73 und 66 aus Bithynien nach Rom kam — die hellenistische Sitte individuell gehaltener Hochzeits- und Todesgedichte übernommen: *Epithalamia* wie Catull 61 und *Epicedia* wie das verlorene des Licinius Calvus auf seine Gattin Quintilia. Auch das kallimacheische Epigramm und die lyrischen Formen, die uns schon bei Lutatius Catulus und Laevius begegnet sind, werden mit erhöhtem Eifer und verfeinerter Technik gepflegt. Griechische Wörter und Wortformen sind des Klangs wegen beliebt, die griechischen Buchstaben *y* und *z* erhalten ihren Platz im lateinischen Alphabet, griechische Konstruktionen werden nachgeahmt, im Hexameter erstrebt man den weichen, typisch alexandrinischen Doppelspondeus als Versschluß. Man wird feinhörig für Sprach- und Versmelodie, legt Wert auf sorgfältige Wortwahl und kunstvolle Wortfügung. Im Gegensatz zu den Alexandrinern wie den Augusteern hindert diese Dichter ihr Ästhetentum nicht an der Teilnahme am öffentlichen Leben: Calvus und Cornificius waren als Gerichtsredner (Attizisten) gefeiert; Cornificius und Helvius Cinna waren auch politisch als Anhänger Caesars tätig; Catull, Calvus und andere haben politische Gedichte geschrieben. Sie standen nicht alle im gleichen Lager; Furius Bibaculus ist sogar aus einem Gegner Caesars dessen Panegyriker geworden.

Als Haupt und „Lehrer" der Neoteriker galt P. VALERIUS CATO. In den sullanischen Proskriptionen um das väterliche Erbe gekommen, verdiente er seinen Lebensunterhalt als *grammaticus,* bewahrte aber seinen Stolz. Sein Unterricht war geschätzt. An Lucilius, den er vielleicht herausgab, wird er trotz stilistischer Vorbehalte die Schärfe und den Freimut seiner Kritik geliebt haben. Er schrieb eine *Indignatio* persönlichen Inhalts (in Versen), ein Epyllion *Diana* oder *Dictynna* und ein (wahrscheinlich) mythologisch-erotisches Gedicht *Lydia,* das man indes kaum mit der *Lydia* der Appendix Vergiliana (Bd. 2, 18) identifizieren darf. Scaliger wollte auch die pseudo-vergilianischen *Dirae* (Verwünschungen, griech. *Araí*) dem Cato zusprechen. — C. LICINIUS CALVUS (82—47), Sohn des Annalisten Licinius Macer (S. 96), war noch vielseitiger. Neben dem Epicedion auf seine Frau und einem Epithalamium schrieb er politische Verse gegen Pompeius, Caesar und dessen Günstling

Tigellius, aber auch Liebesgedichte und ein Epyllion *Io*, dessen Vorbild neben Kallimachos auch der aischyleische Prometheus gewesen zu sein scheint. — C. Helvius Cinna (Freund des Catull und mit ihm in der *cohors praetoria* des Memmius (57), ermordet 44 im Tumult bei der Leichenfeier für Caesar) stand sehr unter dem Einfluß des Parthenios, was sich z. B. in der Stoffwahl seiner *Zmyrna* zeigt. Das Inzestmotiv (Liebe von Vater und Tochter) reizte wohl durch seine ungewohnten Möglichkeiten psychologischer Behandlung. Dem jungen Asinius Pollio schrieb er ein Propemptikon zum Geleit auf dessen Griechenlandreise — auch diese Form individuell adressierter Dichtung ist rasch beliebt geworden. Vollständig erhalten ist nur ein dem Kallimachos nachgedichtetes Epigramm. — In diese Generation gehört auch M. Furius Bibaculus aus Cremona, dessen Geburtsdatum Hieronymus, sicher falsch, auf 102 ansetzt. In seinen frühen Versen griff er Caesar an, der es ihm aber nachsah (Tac. ann. 4, 34); später verherrlichte er Caesars Erfolge in Gallien in einem Epos *Annales* (oder *Pragmatia*) *belli Gallici*, aus dem einige Verse zitiert werden, darunter der von Horaz (sat. 2, 5, 40) verspottete: *Iuppiter hibernas cana niue conspuit Alpes* „Jupiter spie seinen grauen Schnee auf die Alpen im Winter". Ein annalistisches Epos zu schreiben war eine Verleugnung auch seiner künstlerischen Vergangenheit. Eine Probe von Furius' leichterer Kunst sind die (meist gutmütig) spöttischen Verse auf den im Grunde verehrten Valerius Cato (Suet. gramm. 11). — Hier sei noch einmal bemerkt, daß auch Cicero in seiner Jugenddichtung, in den *Aratea* und noch mehr in früheren Versuchen (z. B. *Glaucos, Halcyones*) als Neoteriker erscheint; seine Rückwendung zu den Alten, in der eigenen Dichtung wie im literarischen Urteil, wird hauptsächlich patriotisch-moralische Motive gehabt haben: Dichtung ist ihm nicht ästhetisches Spiel (*lusus, nugae*), sondern, wie er in der Rede *pro Archia* ausführt, eine ernste, der Gemeinschaft verantwortliche Leistung. — Den umgekehrten Weg ging P. Terentius Varro, nach dem Fluß Atax in der provenzalischen Heimat Atacinus genannt (82—37). Nachdem er um 55 ein Epos im ennianischen Stil gedichtet hatte (*Bellum Sequanicum*, wahrscheinlich Caesars Krieg gegen Ariovist), wurde er später von den Alexandrinern angezogen, doch weniger von Kallimachos als von Aratos und Apollonios. Sein Hauptwerk (nach Apollonios) sind die *Argonautae;* wir sehen gerade noch, daß er mehr war als *interpres operis alieni* (so Quint. 10, 1, 87); besonders in der Naturschilderung hat er das Original manchmal übertroffen. — Von anderen Dichtern wie

C. Memmius, Q. Cornificius und dessen Schwester Cornificia wissen wir zu wenig, um über sie zu urteilen. Daneben gab es zahlreiche, z. T. nicht unbegabte Dilettanten; das Dichten war in der guten Gesellschaft Mode geworden. — Über *Culex*, *Ciris* und andere Gedichte der Appendix Vergiliana s. Bd. 2, 17 ff.

L. Alfonsi, Poetae novi, 1945. — Bardon, Litt. lat. inconnue 1, 325 ff.

Erhalten sind nur die Gedichte des C. Valerius Catullus — vielleicht dank dem Lokalpatriotismus seiner Vaterstadt Verona (S. 14). Dort wurde Catull um 84 geboren.[1]) Sein Vater erfreute sich der Freundschaft Caesars, der bei ihm abzusteigen pflegte, wenn er in die Provinz kam. Der Sohn studierte in Rom und hat dort, von gelegentlichen Besuchen in der Heimat abgesehen, den größten Teil seines Lebens verbracht. Er verkehrte in der besten Gesellschaft, fühlte sich aber doch am wohlsten im Kreis seiner Landsleute aus der Transpadana, wie des Cornelius Nepos und der „neuen" Dichter, besonders des Calvus und Cinna. Wie Calvus griff auch Catull die Triumvirn und ihren Anhang an; besonders hatte er es auf einen Offizier Mammurra abgesehen, der Caesars Gunst benutzt hatte, um sich auf dessen Feldzügen zu bereichern, und der (was ihm Catull noch übler nahm) dem jungen Mann in seiner Heimat bei den Frauen Konkurrenz machte. Caesar zeigte sich verstimmt und Catull hat, wohl auf Wunsch des Vaters, revoziert (Suet. Iul. 73). Ferner hatte Catull Beziehungen zu Hortensius; in c. 49 dankt er (in einem hohen Ton, der leicht ironisch wirkt) dem Cicero für eine uns unbekannte Gefälligkeit.

Für die Staatsämter zeigte Catull so wenig Neigung wie für den Handel; er hatte genug, um nach seinem Sinn zu leben. Er liebte das *otium*, ging auf in der Geselligkeit, im Verkehr mit Freunden, in der Liebe, vor allem aber in der Dichtkunst, deren entwickelte Technik er sich früh und in hohem Maß zu eigen machte. Seine datierbaren Gedichte fallen zwischen 60 und 55/54. Was Catull über die Dichter

---

[1]) Hieronymus gibt als Catulls Geburtsjahr 87, als Alter 30 Jahre, als Todesjahr 57; da aber Anspielungen in den Gedichten bis 54 reichen, wird man mit den Daten etwas herabgehen müssen.

seiner Generation hinaushebt, ist die Kraft und Tiefe seines Erlebens. Persönlich wurde ihm diese Gabe zum Verhängnis in seiner Liebe zu Clodia, der Schwester des Tribunen P. Clodius Pulcher und Gattin des Q. Caecilius Metellus Celer. Ihre Schönheit und Bildung waren ebenso berühmt wie ihr Lebenswandel (wovon Cicero *pro Caelio* ein freilich gehässiges Bild gibt) stadtbekannt war. In den Lesbia-Gedichten[1]) erleben wir diese Liebe — im Wechsel beglückender und quälender Erfahrungen bis zum endlichen Bruch und zur wehmütig bitteren Erinnerung — mit dem tief leidenschaftlichen Dichter, dessen bewußte Kunst die Unmittelbarkeit des Erlebten nicht aufhebt, sondern erst dichterisch wirksam macht. Im Jahre 57/56 finden wir Catull in der *cohors praetoria* des Memmius in Bithynien, von wo er das Grab seines geliebten Bruders in der Troas besuchte. Vielleicht hoffte er, Clodia zu vergessen, vielleicht, seinen Finanzen aufzuhelfen, vielleicht dachte er nun an eine politische Laufbahn. Der Erfolg ist in jeder Hinsicht ausgeblieben; um 54 ist Catull, erst dreißig Jahre alt, gestorben.

Das Werk des Catull liegt in einer Sammlung von 116 Gedichten vor: den ersten Teil bilden Kurzgedichte in verschiedenen Metren (*nugae* „Bagatellen" — sie sind so kunstvoll wie die musikalischen Miniaturen Chopins), den zweiten längere „gelehrte" Gedichte, den letzten Epigramme in elegischen Distichen. Die Sammlung, die doch wohl von Catull selbst stammt, ist dem Cornelius Nepos gewidmet. Gesondert ist ein Priapeum überliefert, ein Gedicht auf den lasziven Schutzgott der Gärten, Priapos. Innerhalb der Gruppen herrscht teils das Variationsprinzip (im ersten Teil vor allem das der metrischen Variation), daneben die Tendenz, inhaltlich verwandte Gedichte aneinanderzureihen, aber gelegentlich durch ein kontrastierendes zu trennen. Wie in den Gedichtbänden der Augusteer (Vergils Eklogen, Elegiker, Oden des Horaz), so sind auch hier die Gedichte nach formalen und ästhetischen Gesichtspunkten geordnet, nicht etwa chronologisch. Die „Geschichte" der Liebe des Catull zu Clodia läßt sich natürlich nicht rekonstruieren.

---

[1]) Lesbia ist ein metrisch gleichwertiger Deckname für Clodia. Decknamen dieser Art sind später bei den Elegikern üblich; den Schlüssel gibt Apuleius, apol. 10.

In Catull findet sich alles vereint, was für die Neoteriker bezeugt ist: Liebesdichtung, Freundschaftserlebnis, Naturbilder, politisches Pasquill und private Satire, Hochzeitslied, Totenklage, Epyllion. Einmalig ist die Rückhaltslosigkeit der kleinen Gedichte, der lyrischen wie der Epigramme; nicht weniger persönlich als die Lesbia-Lieder ist z. B. der boshafte Zweizeiler auf Caesar (c. 93) oder das Produkt „schöpferischer Unruhe" nach einem erregenden Zusammensein mit Licinius Calvus (c. 50). Catull ist auch ein Meister in der italischen Kunst des Schimpfgedichtes; so reich sein Vokabular an den zartesten und innigsten (freilich auch an den deutlichsten) Wörtern der Liebessprache ist, so unerschöpflich ist es im Groben und Unflätigen. Haß und Liebe, unter denen er litt, waren stärker als er (c. 85); nur in der Kunst konnte er sich von beiden befreien, das zeigt gerade jenes unvergleichliche Epigramm.

Abseits stehen einige Gedichte von ruhiger oder friedlich-heiterer Stimmung wie die in ihrer beiläufig vorgetragenen Gelehrsamkeit leicht künstliche, leicht parodische Dedikation des ausgedienten Schiffleins (*phasellus*, c. 4) oder der Wiedersehensgruß an Sirmio am Gardasee (c. 31); hierher möchte ich auch das *Aue atque uale* an den toten Bruder stellen (c. 101), dessen stille Trauer sich so eindrucksvoll von den Klagen der Allius-Elegie (c. 68) abhebt.

Die längeren Gedichte zeigen Catull als *poeta doctus*. Das Kleinepos c. 64, die Hochzeit von Peleus und Thetis, hat zwei Einlagen: die Beschreibung des kostbaren Teppichs mit der Geschichte von Theseus und Ariadne (50—264) und das Lied der Parzen mit seinem zwölfmal wiederholten Refrain (323—81). Das Stilmotiv der Beschreibung (*ékphrasis*) ist aber hier zur lebendig erzählten, das Seelische betonenden Geschichte gewandelt, die mit der Rahmenerzählung zweifach kontrastiert: glückliche und unglückliche Liebe, Treue und Untreue. Ein bestimmtes Vorbild läßt sich nicht nachweisen; vielleicht hat Catull alexandrinische Themen, Motive und Techniken frei verwendet und im Geist seiner Vorbilder etwas Eigenes geschaffen. Das gelehrte Element betont Catull nicht mehr als die Mode verlangte; es war ihm nicht um seiner selbst willen interessant. F. Klingner (SB München 1956; Röm. Geisteswelt 210 ff.) stellt dieses Gedicht neben c. 68 und interpretiert es als mythologische Objektivierung der Liebe Catulls zu Lesbia. — Studiencharakter hat seine Übersetzung von Kallimachos' „Locke der Berenike" (c. 66), deren Original z. T. durch einen Papyrusfund bekannt geworden ist. (Berenike hatte eine Flechte ihres Haares der Arsinoe für die glückliche Heimkehr ihres Gatten Ptolemaios Euergetes aus dem syrischen Krieg geweiht; die Locke verschwand, aber der Hofastronom entdeckte sie als Stern am Himmel und der Hofpoet feierte den *katasterismós*.) Mit c. 65 widmet Catull diesen Versuch dem Hortensius. — Nachdichtung nach Kallimachos ist auch das Attis-Gedicht (c. 63) in den seltenen, besonders für das kürzenarme Latein schwierigen Galliamben. Es ist nicht nur als *tour de force* geglückt, es wirkt auch als Gedicht durch die bewegte Schilderung orientalischer Orgiastik im ersten Teil und, als Kontrast dazu, die Klage des entmannten Attis im zweiten. — Voran gehen zwei Epithalamien (c. 61, 62); im dem ersten, für die Hochzeit des Manlius Torquatus mit Vinia Aurunculeia gedichtet, vollzieht sich eine Synthese römischer Feszenninen mit griechischer Stiltradition.

Das letzte der großen Gedichte ist die Elegie an Allius (c. 68). Der Freund ist in Liebesnöten und hat den in Verona weilenden Dichter (in einer Versepistel?) um poetische Tröstung (*munera Musarum et Veneris*) gebeten. Catull, trauernd um den Verlust des Bruders und der Geliebten, auch ohne die Bücher, die er zu einem gelehrten Gedicht nötig hätte, will doch dem Freund, in dessen Haus er seine Lesbia so oft hat treffen dürfen, die Bitte, so gut er kann, erfüllen. Er erinnert ihn an jene Tage des eigenen Liebesglücks, die kurz waren wie die der Laodamia; sie hat ihren Protesilaos vor Troia verloren, und dort, in der Troas, ist auch sein eigener Bruder begraben, von dessen Grabstatt er eben heimkam. Das ist der „Nabel" (*omphalos*) des Gedichtes; von hier gehen die Gedanken, Schritt für Schritt, wieder zum Anfang zurück, aber am Ende steht ein Abschiedsgruß nicht an Allius, sondern an Lesbia. Die kunstvolle ringförmige Komposition des Hauptteils kann nicht darüber hinwegtäuschen, daß die Übergänge von einem Thema zum andern fließend sind; darin wie in der Verbindung von Liebes- und Todesmotiv, von Erlebnis und mythologischem Gegenbild, nicht zuletzt aber in Ton und Stimmung ist dieses Gedicht ein Vorläufer der subjektiven Liebeselegie, einer der eigenartigsten Neuschöpfungen der römischen Literatur. Ansätze dazu finden sich auch in manchen von Catulls Epigrammen, die man treffend als Kurzelegien bezeichnet hat, besonders in dem ergreifenden, in ein Gebet ausklingenden Epilog auf sein Liebeserlebnis (c. 76).

Auch formal hat Catull etwas Neues in die römische Dichtung eingeführt: die sapphische Strophe. Für Lesbia übersetzte er ein berühmtes Gedicht der Sappho: *Ille mi par esse deo uidetur*

(c. 51), freilich mit einer ganz persönlichen Schlußwendung; mit bitterer Absicht wählt er dieselbe Strophe für die schließliche Absage (c. 11). Das *sobriquet* Lesbia und die lesbische Strophe des Werbegedichtes können nicht ohne gegenseitige Beziehung sein; Clodia und Catull trafen sich wohl in der Liebe zu der großen Dichterin von Lesbos. So hat vielleicht etwas ganz Persönliches den Blick des Catull auf einen Bereich griechischer Dichtung gelenkt, in den sich bisher noch kein Römer gewagt hatte: die äolische Lyrik. Eine äolische Strophe (Glykoneen + Pherecrateus) hat Catull auch in dem Dianahymnus (c. 34) und dem Hochzeitslied (c. 61) verwendet. Dabei ist es zunächst geblieben; erobert hat den Römern das äolische Lied erst Horaz.

Literatur: Höchst wertvoll ist nach wie vor die kommentierte Ausgabe von W. Kroll, 1929, [3]1959 (Bibliographie ergänzt v. J. Kroymann); wichtig auch U. v. Wilamowitz, Hellenist. Dichtung 2 (1924) 277 ff. — O. Weinreich, Die Distichen des Catull, 1926; Catull, Liebesgedichte, lat. u. dt., 1960 (mit wertvoller literarhistorischer Einführung). — A. L. Wheeler, Catullus and the tradition of ancient poetry, 1934. — J. Svennung, Catulls Bildersprache, 1945. — L. Ferrero, Un' introduzione a Catullo; Interpretazione di Catullo, beides 1955. — K. Quinn, The Catullan revolution, 1959.

Register

Sammlung Göschen

Gesamtverzeichnis

Jeder Band DM 3,60 · Doppelband DM 5,80
Dreifachband DM 7,80

Frühjahr 1967

Walter de Gruyter & Co · Berlin 30

Die Bände der **Sammlung Göschen** vermitteln in konzentrierter Form den grundlegenden Stoff für das Studium der einzelnen wissenschaftlichen Disziplinen. Sie sind nicht nur Hilfsmittel für die Arbeit an Universitäten und Hochschulen, sondern auch vorzüglich geeignet für Fachschulen, Arbeitskreise und zum Selbststudium. Die Fülle des Materials hat sich besonders für die Vorbereitung zu Examina und Prüfungen bewährt. Auch eine schnelle Orientierung geht hier niemals auf Kosten der Gründlichkeit.

Inhaltsübersicht

Geisteswissenschaften

Philosophie

Einführung in die Philosophie von H. Leisegang†. 6. Aufl. 146 S. 1966. (281)

Hauptprobleme der Philosophie von G. Simmel†. 8., unveränd. Aufl. 177 S. 1964. (500)

Geschichte der Philosophie
- I: Die griechische Philosophie von W. Capelle. 1. Tl. Von Thales bis Leukippos. 3., erw. Aufl. Etwa 135 S. In Vorb. (857)
- II: Die griechische Philosophie von W. Capelle. 2. Tl. Von der Sophistik bis zum Tode Platons. 3., stark erw. Aufl. Etwa 144 S. In Vorb. (858)
- III: Die griechische Philosophie von W. Capelle. 3. Tl. Vom Tode Platons bis zur Alten Stoa. 2., stark erw. Aufl. 132 S. 1954. (859)
- IV: Die griechische Philosophie von W. Capelle. 4. Tl. Von der Alten Stoa bis zum Eklektizismus im 1. Jh. v. Chr. 2., stark erw. Aufl. 132 S. 1954. (863)
- V: Die Philosophie des Mittelalters von J. Koch. In Vorb. (826)
- VI: Von der Renaissance bis Kant von K. Schilling. 234 S. 1954. (394/394a)
- VII: Immanuel Kant von G. Lehmann. In Vorb. (536)
- VIII: Die Philosophie des 19. Jahrhunderts von G. Lehmann. 1. Tl. 151 S. 1953. (571)
- IX: Die Philosophie des 19. Jahrhunderts von G. Lehmann. 2. Tl. 168 S. 1953. (709)
- X: Die Philosophie im ersten Drittel des 20. Jahrhunderts 1. Tl. von G. Lehmann. 128 S. 1957. (845)
- XI: Die Philosophie im ersten Drittel des 20. Jahrhunderts 2. Tl. von G. Lehmann. 114 S. 1960 (850)

Die geistige Situation der Zeit (1931) von K. Jaspers. 6. Abdr. der im Sommer 1932 bearb. 5. Aufl. 211 S. 1965. (1000)

Erkenntnistheorie von G. Kropp.
1. Teil: Allgemeine Grundlegung. 143 S. 1950. (807)

Formale Logik von P. Lorenzen. 3., durchges. u. erw. Aufl. 184 S. 1967. (1176/1176a)

Philosophisches Wörterbuch von M. Apel†. 5., völl. neu bearb. Aufl. von P. Ludz. 315 S. 1958. (1031/1031a)

Philosophische Anthropologie. Menschliche Selbstdeutung in Geschichte und Gegenwart von M. Landmann. 2., durchges. Aufl. 223 S. 1964. (156/156a)

Pädagogik, Psychologie, Soziologie

Geschichte der Pädagogik von Herm. Weimer. 17., neubearb. Aufl. von Heinz Weimer. 205 S. 1967. (145/145a)

Therapeutische Psychologie. Ihr Weg durch die Psychoanalyse von W. M. Kranefeldt. M. e. Einf. von C. G. Jung. 3. Aufl. 152 S. 1956. (1034)

Allgemeine Psychologie von Th. Erismann†. 4 Bde.

I: Grundprobleme. 3. Aufl. 146 S. 1965. (831)

II: Grundarten des psychischen Geschehens. 2., neubearb. Aufl. 248 S. 1959. (832/832a)

III: Experimentelle Psychologie und ihre Grundlagen. 1. Tl. 2., neubearb. Aufl. 112 S., 7 Abb. 1962. (833)

IV: Experimentelle Psychologie und ihre Grundlagen. 2. Tl. 2., neubearb. Aufl. 199 S., 20 Abb. 1962. (834/834a)

Soziologie. Geschichte und Hauptprobleme von L. von Wiese. 8. Aufl. 183 S. 1967. (101/101a)

Ideengeschichte der sozialen Bewegung des 19. und 20. Jh. von W. Hofmann. 243 S. 1962. (1205/1205a)

Sozialpsychologie von P.R. Hofstätter. 2. Aufl. 191 S., 18 Abb. 1964. (104/104a)

Psychologie des Berufs- und Wirtschaftslebens von W. Moede†. 190 S. 48 Abb. 1958. (851/851a)

Industrie- und Betriebssoziologie von R. Dahrendorf. 4. Aufl. 142 S., 3 Fig. 1967. (103)

Wirtschaftssoziologie von F. Fürstenberg. 122 S. 1961. (1193)

Einführung in die Sozialethik von H.-D. Wendland. 144 S. 1963. (1203)

Religion

Jesus von M. Dibelius†. 4. Aufl. m. e. Nachtr. von W. G. Kümmel. 140 S. 1966. (1130)

Paulus von M. Dibelius†. Nach dem Tode des Verf. hrsg. u. zu Ende gef. von W. G. Kümmel. 3., durchges. Aufl. 156 S. 1964. (1160)

Luther von F. Lau. 2., verb. Aufl. 153 S. 1966. (1187)

Melanchthon von R. Stupperich. 139 S. 1960. (1190)

Zwingli von F. Schmidt-Clausing. 119 S. 1965. (1219)

Sören Kierkegaard. Leben u. Werk von H. Gerdes. 134 S. 1966. (1221)

Einführung in die Konfessionskunde der orthodoxen Kirchen von K. Onasch. 291 S. 1962. (1197/1197a)

Geschichte des christlichen Gottesdienstes von W. Nagel. 215 S. 1962. (1202/1202a)

Geschichte Israels. Von den Anfängen bis zur Zerstörung des Tempels (70 n. Chr.) von E. L. Ehrlich. 2. Aufl. In Vorb. (231/231 a)

Römische Religionsgeschichte von F. Altheim. 2 Bde. 2., umgearb. Aufl.
I: Grundlagen und Grundbegriffe. 116 S. 1956. (1035)
II: Der geschichtliche Ablauf. 164 S. 1956. (1052)

Die Religion des Buddhismus von D. Schlingloff. 2 Bde.
I: Der Heilsweg des Mönchstums. 122 S., 11 Abb., 1 Kte. 1962. (174)
II: Der Heilsweg für die Welt. 129 S., 9 Abb., 1 Kte. 1963. (770)

Musik

Musikästhetik von H. J. Moser. 180 S. M. zahlr. Notenbeisp. 1953. (344)

Systematische Modulation von R. Hernried. 2. Aufl. 136 S. M. zahlr. Notenbeisp. 1950. (1094)

Der polyphone Satz von E. Pepping. 2 Bde.
I: Der cantus-firmus-Satz. 2. Aufl. 233 S. Mit zahlr. Notenbeisp. 1950. (1148)
II: Übungen im doppelten Kontrapunkt und im Kanon. 137 S. M. zahlr. Notenbeisp. 1957. (1164/1164 a)

Allgemeine Musiklehre von H. J. Moser. 2., durchges. Aufl. 155 S. M. zahlr. Notenbeisp. 1955. (220/220 a)

Harmonielehre von H. J. Moser. 2 Bde.
I: 109 S. M. 120 Notenbeisp. 1954. (809)
II: In Vorb. (810)

Die Musik des 19. Jahrhunderts von W. Oehlmann. 180 S. 1953. (170)

Die Musik des 20. Jahrhunderts von W. Oehlmann. 312 S. 1961. (171/171 a)

Technik der deutschen Gesangskunst von H. J. Moser. 3., durchges. u. verb. Aufl. 144 S., 5 Fig., sowie Tab. u. Notenbeisp. 1954. (576/576 a)

Die Kunst des Dirigierens von H. W. von Waltershausen†. 2., verm. Aufl. 138 S. M. 19 Notenbeisp. 1954. (1147)

Die Technik des Klavierspiels aus dem Geiste des musikalischen Kunstwerkes von K. Schubert†. 3. Aufl. 110 S. M. Notenbeisp. 1954. (1045)

Kunst

Stilkunde von H. Weigert. 2 Bde. 3., durchges. u. erg. Aufl.
I: Vorzeit, Antike, Mittelalter. 136 S., 94 Abb. 1958. (80)
II: Spätmittelalter und Neuzeit. 150 S., 88 Abb. 1958. (781)

Archäologie von A. Rumpf. 3 Bde.
I: Einleitung, historischer Überblick. 143 S., 6 Abb., 12 Taf. 1953. (538)
II: Die Archäologensprache. Die antiken Reproduktionen. 136 S., 7 Abb., 12 Taf. 1956. (539)
III: In Vorb. (540)

GEISTESWISSENSCHAFTEN

Geschichte

Einführung in die Geschichtswissenschaft von P. Kirn. 5., bearb. u. erg. Aufl. von J. Leuschner. 127 S. 1967. (270/270a)

Einführung in die Zeitgeschichte von B. Scheurig. 101 S. 1962. (1204)

Zeitrechnung der römischen Kaiserzeit, des Mittelalters und der Neuzeit für die Jahre 1—2000 n. Chr. von H. Lietzmann†. 3. Aufl., durchges. von K. Aland. 130 S. 1956. (1085)

Kultur der Urzeit von F. Behn. 3 Bde. 4. Aufl. der Kultur der Urzeit Bd. 1—3 von M. Hoernes.

I: Die vormetallischen Kulturen. (Die Steinzeiten Europas. Gleichartige Kulturen in anderen Erdteilen.) 172 S., 48 Abb. 1950. (564)

II: Die älteren Metallkulturen. (Der Beginn der Metallbenutzung, Kupfer- und Bronzezeit in Europa, im Orient und in Amerika.) 160 S., 67 Abb. 1950. (565)

III: Die jüngeren Metallkulturen. (Das Eisen als Kulturmetall, Hallstatt-Latène-Kultur in Europa. Das erste Auftreten des Eisens in den anderen Weltteilen.) 149 S. 60 Abb. 1950. (566)

Vorgeschichte Europas von F. Behn. Völl. neue Bearb. der 7. Aufl. der „Urgeschichte der Menschheit" von M. Hoernes. 125 S., 47 Abb. 1949. (42)

Der Eintritt der Germanen in die Geschichte von J. Haller†. 3. Aufl., durchges. von H. Dannenbauer. 120 S. 6 Kartensk. 1957. (1117)

Von den Karolingern zu den Staufern. Die altdeutsche Kaiserzeit (900—1250) von J. Haller†. 4., durchges. Aufl. von H. Dannenbauer. 142 S., 4 Ktn. 1958. (1065)

Von den Staufern zu den Habsburgern. Auflösung des Reichs und Emporkommen der Landesstaaten (1250—1519) von J. Haller†. 2., durchges. Aufl. von H. Dannenbauer. 118 S., 6 Kartensk. 1960. (1077)

Deutsche Geschichte im Zeitalter der Reformation, der Gegenreformation und des dreißigjährigen Krieges von F. Hartung. 2., durchges. Aufl. 128 S. 1963. (1105)

Deutsche Geschichte von 1648—1740. Politischer und geistiger Wiederaufbau von W. Treue. 120 S. 1956. (35)

Deutsche Geschichte von 1713—1806. Von der Schaffung des europäischen Gleichgewichts bis zu Napoleons Herrschaft von W. Treue. 168 S. 1957. (39)

Deutsche Geschichte von 1806—1890. Vom Ende des alten bis zur Höhe des neuen Reiches von W. Treue. 128 S. 1961. (893)

Deutsche Geschichte von 1890 bis zur Gegenwart von W. Treue. In Vorb. (894)

Quellenkunde der Deutschen Geschichte im Mittelalter (bis zur Mitte des 15. Jahrhunderts) von K. Jacob†. 3 Bde.

I: Einleitung. Allgemeiner Teil. Die Zeit der Karolinger. 6. Aufl., bearb. von H. Hohenleutner. 127 S. 1959. (279)

II: Die Kaiserzeit (911—1250). 5. Aufl., neubearb. von H. Hohenleutner. 141 S. 1961. (280)

III: Das Spätmittelalter (vom Interregnum bis 1500). Hrsg. von F. Weden. 152 S. 1952. (284)

Geschichte Englands von H Preller. 2 Bde.
I: bis 1815. 4., erw. Aufl Etwa 135 S., 7 Stammtaf., 2 Ktn. 1967 (375/375 a)
II: Von 1815 bis 1910. 2., völl. umgearb. Aufl. 118 S., 1 Stammtaf., 7 Ktn. 1954. (1088)

Römische Geschichte von F Altheim. 4 Bde. 2., verb. Aufl.
I: Bis zur Schlacht bei Pydna (168 v. Chr.). 124 S. 1956. (19)
II: Bis zur Schlacht bei Actium (31 v Chr.). 129 S. 1956. (677)
III: Bis zur Schlacht an der Milvischen Brücke (312 n. Chr.). 148 S. 1958. (679)
IV: Bis zur Schlacht am Yarmuk (636 n. Chr.). In Vorb. (684)

Geschichte der Vereinigten Staaten von Amerika von O. Graf zu Stolberg-Wernigerode. 192 S., 10 Ktn. 1956. (1051/1051 a)

Deutsche Sprache und Literatur

Geschichte der deutschen Sprache von H. Sperber. 5., neubearb. Aufl. von P. von Polenz. 136 S. 1966. (915)

Deutsches Rechtschreibungswörterbuch von M. Gottschaldt†. 2., verb. Aufl. 269 S. 1953. (200/200a)

Deutsche Wortkunde. Kulturgeschichte des deutschen Wortschatzes von A. Schirmer. 5. Aufl. von W. Mitzka. 125 S. 1965. (929)

Deutsche Sprachlehre von W. Hofstaetter. 10. Aufl. Völl. Umarb. der 8. Aufl. 150 S. 1960. (20)

Stimmkunde für Beruf, Kunst und Heilzwecke von H. Biehle. 111 S. 1955. (60)

Redetechnik. Einführung in die Rhetorik von H. Biehle. 2., erw. Aufl. 151 S. 1961. (61)

Grundlagen der Sprecherziehung von J. Jesch In Vorb. (1122/1122a)

Deutsches Dichten und Denken von der germanischen bis zur staufischen Zeit von H. Naumann†. (Deutsche Literaturgeschichte vom 5.—13. Jahrhundert.) 3., verb. Aufl. In Vorb. (1121)

Deutsches Dichten und Denken vom Mittelalter zur Neuzeit von G. Müller (1270 bis 1700). 3., durchges. Aufl. In Vorb. (1086)

Deutsches Dichten und Denken von der Aufklärung bis zum Realismus (Deutsche Literaturgeschichte von 1700—1890) von K. Viëtor†. 3., durchges. Aufl. 159 S. 1958. (1096)

Deutsche Heldensage von H. Schneider. 2. Aufl., bearb. von R. Wisniewski. 148 S. 1964. (32)

Der Nibelunge Nôt in Auswahl. Mit kurzem Wörterbuch hrsg. von K. Langosch. 11., durchges Aufl. 166 S. 1966. (1)

Kudrun und Dietrich-Epen in Auswahl mit Wörterbuch von O. L. Jiriczek. 6. Aufl., bearb. von R. Wisniewski. 173 S. 1957. (10)

Wolfram von Eschenbach, Parzifal. Eine Auswahl mit Anmerkungen und Wörterbuch von H. Jantzen. 3. Aufl., bearb. von H. Kolb. 128 S. 1966. (921)

Hartmann von Aue. Der arme Heinrich nebst einer Auswahl aus der „Klage" dem „Gregorius" und den Liedern (mit einem Wörterverzeichnis) hrsg. von F. Maurer. 96 S. 1958. (18)

Gottfried von Straßburg. Tristan und Isolde in Auswahl hrsg. von F. Maurer. 2. Aufl. 142 S. 1965. (22)

Die deutschen Personennamen von M. Gottschaldt†. 2., verb. Aufl. 151 S. 1955. (422)

Althochdeutsches Elementarbuch. Grammatik und Texte von H. Naumann† u. W. Betz. 4., verb. u. verm. Aufl. 183 S. 1967. (1111/1111a)

Mittelhochdeutsche Grammatik von H. de Boor u. R. Wisniewski. 5., durchges. Aufl. 150 S. 1967. (1108)

Indogermanisch, Germanisch

Indogermanische Sprachwissenschaft von H. Krahe. 2 Bde.
I: Einleitung und Lautlehre. 5. Aufl. 110 S. 1966. (59)
II: Formenlehre. 4., neubearb. Aufl. 100 S. 1963. (64)

Sanskrit-Grammatik mit sprachvergleichenden Erläuterungen von M. Mayrhofer. 2., völl. neu bearb. Aufl. 110 S. 1965. (1158/1158a)

Altirische Grammatik von J. Pokorny. 2. Aufl. In Vorb. (896/896a)

Gotisches Elementarbuch. Grammatik. Texte mit Übersetzung und Erläuterungen von H. Hempel. 4., neubearb. Aufl. 169 S. 1966. (79/79a)

Altnordisches Elementarbuch. Einführung, Grammatik, Texte (zum Teil mit Übersetzung) und Wörterbuch von F. Ranke. 3., völl. umgearb. Aufl. von D. Hofmann. 205 S. 1967. (1115/1115a/1115b)

Germanische Sprachwissenschaft von H. Krahe. 3 Bde.
I: Einleitung und Lautlehre. 6. Aufl. 147 S. 1966. (238)
II: Formenlehre. 6.Aufl. 149 S. 1967. (780)
III: Wortbildungslehre von W. Meid. 270 S. 1967. (1218/1218a/1218b)

Englisch, Romanisch

Altenglisches Elementarbuch. Einführung, Grammatik, Texte mit Übersetzung und Wörterbuch von M. Lehnert. 6., verb. Aufl. 178 S. 1965. (1125)

Mittelenglisches Elementarbuch von H. Weinstock. 1967. In Vorb. (1226/1226a/1226b)

Historische neuenglische Laut- und Formenlehre von E. Ekwall. 4., verb. Aufl. 150 S. 1965. (735)

Englische Phonetik von H. Mutschmann†. 2. Aufl., bearb. von G. Scherer. 127 S. 1963. (601)

Englische Literaturgeschichte von F. Schubel. 4 Bde.
I: Die alt- und mittelenglische Periode. 2. Aufl. Etwa 163 S. 1967. (1114/1114a)
II: Von der Renaissance bis zur Aufklärung. 160 S. 1956. (1116)
III: Romantik und Viktorianismus. 160 S. 1960. (1124)

Beowulf. Eine Auswahl mit Einführung, teilweiser Übersetzung, Anmerkungen und etymologischem Wörterbuch von M. Lehnert. 4., verb. Aufl. 135 S. 1967. (1135)

Shakespeare von P. Meißner†. 2. Aufl., neubearb. von M. Lehnert. 136 S. 1954. (1142)

Romanische Sprachwissenschaft von H. Lausberg. 4 Bde.
I: Einleitung und Vokalismus. 2., durchges. Aufl. 211 S. 1963. (128/128a)
II: Konsonantismus. 2., durchges. Aufl. 95 S. 1967. (250)
III: Formenlehre. 1. Teil. 99 S. 1962. (1199)
III: Formenlehre. 2. Teil. S. 99—260. 1962. (1200/1200a)
IV: Wortlehre. In Vorb. (1208)

Griechisch, Lateinisch

Griechische Sprachwissenschaft von W. Brandenstein. 3 Bde.
I: Einleitung, Lautsystem, Etymologie. 160 S. 1954. (117)
II: Wortbildung und Formenlehre. 192 S. 1959. (118/118a)
III: Syntax I. Einleitung. Die Flexibilien. 145 S. 1966. (924/924a)

Geschichte der griechischen Sprache. 2 Bde.
I: Bis zum Ausgang der klassischen Zeit von O. Hoffmann†. 3. Aufl., bearb. von A. Debrunner†. 156 S. 1953. (111)
II: Grundfragen und Grundzüge des nachklassischen Griechisch von A. Debrunner†. 144 S. 1954. (114)

Geschichte der griechischen Literatur von W. Nestle. 2 Bde. 3. Aufl., bearb. von W. Liebich.
I: 144 S. 1961. (70)
II: 149 S. 1963. (557)

Grammatik der neugriechischen Volkssprache von J. Kalitsunakis. 3., wes. erw. u. verb. Aufl. 196 S. 1963. (756/756a)

Neugriechisch-deutsches Gesprächsbuch von J. Kalitsunakis. 2. Aufl., bearb. von A. Steinmetz. 99 S. 1960. (587)

Geschichte der lateinischen Sprache von F. Stolz u. A. Debrunner†. 4., stark umgearb. Aufl. von W. P. Schmid. 145 S. 1966. (492/492a)

Geschichte der römischen Literatur von L. Bieler. 2., verb. Aufl. 2 Bde.
I: Die Literatur der Republik. 160 S. 1965. (52)
II: Die Literatur der Kaiserzeit. 133 S. 1965. (866)

Orientalistik, Slavistik

Die Keilschrift von B. Meissner. 3. Aufl., neubearb. von K. Oberhuber. Etwa 150 S. 1967. (708/708a/708b)

Die Hieroglyphen von A. Erman. 3. Aufl., neu bearb. von O. Krückmann. 1967. In Vorb. (608/608a/608b)

Hebräische Grammatik von R. Meyer. 3 Bde.
I: Einleitung, Schrift- und Lautlehre. 3., neubearb. Aufl. 120 S. 1966. (763/763a/763b)
II: Formenlehre und Flexionstabellen. 3. Aufl. In Vorb. (764/764a/764b)
III: Satzlehre. In Vorb. (765/765a/765b)

Hebräisches Textbuch zu G. Beer-R. Meyer, Hebräische Grammatik von R. Meyer. 170 S. 1960. (769/769a)

Slavische Sprachwissenschaft von H. Bräuer. 2 Bde.
: Einleitung, Lautlehre. 221 S. 1961. (1191-1191a)

Vergleichende Geschichte der slavischen Literaturen von D. Tschižewskij. 2 Bde. In Vorb.
I: Einführung. Anfänge des slavischen Schrifttums bis zum Klassizismus. (1222/1222a)
II: Romantik bis zur Moderne. (1223/1223a)

Russische Grammatik von E. Berneker†. 6., verb. Aufl. von M. Vasmer†. 155 S. 1961. (66)

Polnische Grammatik von N. Damerau. 139 S. 1967. (942/942a)

Erd- und Länderkunde, Kartographie

Afrika von F. Jaeger. Ein geographischer Überblick. 2 Bde. 3. Aufl.
I: Der Lebensraum. 179 S., 18 Abb. In Vorb. (910)
II: Mensch und Kultur. 155 S., 6 Abb. In Vorb. (911)

Australien und Ozeanien von H. J. Krug. 176 S., 46 Sk. 1953. (319)

Kartographie von V. Heissler. 2. Aufl. 213 S., 125 Abb., 8 Anl. 1966. (30/30a)

Volkswirtschaft, Statistik, Publizistik

Allgemeine Betriebswirtschaftslehre von K. Mellerowicz. 4 Bde. 11. u. 12. durchges. Aufl.
I: 224 S. 1964. (1008/1008a)
II: 188 S. 1966. (1153/1153a)
III: 260 S. 1967. (1154/1154a)
IV: 209 S. 1963. (1186/1186a)

Allgemeine Volkswirtschaftslehre von A. Paulsen. 4 Bde.
I: Grundlegung, Wirtschaftskreislauf. 7. Aufl. 159 S., 11 Abb. 1966. (1169)
II: Haushalte, Unternehmungen, Marktformen. 7. Aufl. 172 S., 31 Abb. 1966. (1170)

III: Produktionsfaktoren. 5., neubearb. u. erg. Aufl. 228 S., 24 Abb. 1967. (1171/1171 a)
IV: Gesamtbeschäftigung, Konjunkturen, Wachstum. 4., neubearb. u. erg. Aufl. 188 S. 1966. (1172)

Übungsaufgaben mit Lösungen zu A. Paulsen, Allgemeine Volkswirtschaftslehre I/II von W. Wedig. 177 S. 1967. (1227/1227 a)

Geschichte der Volkswirtschaftslehre von S. Wendt. 2. Aufl. Etwa 182 S. 1967. (1194/1194 a)

Allgemeine Volkswirtschaftspolitik von H. Ohm. 2 Bde.
I: Systematisch-Theoretische Grundlegung. 2., verb. u. erg. Aufl. 137 S., 6 Abb. 1965. (1195)
II: Der volkswirtschaftliche Gesamtorganismus als Objekt der Wirtschaftspolitik. 180 S. 1967. (1196/1196 a)

Finanzwissenschaft von H. Kolms. 4 Bde.
I: Grundlegung, Öffentliche Ausgaben. 3., verb. Aufl. 165 S. 1966. (148)
II: Erwerbseinkünfte, Gebühren und Beiträge, Allgemeine Steuerlehre. 3., verb. Aufl. 154 S. 1966. (391)
III: Besondere Steuerlehre. 2., verb. u. erg. Aufl. 204 S. 1966. (776/776 a)
IV: Öffentlicher Kredit. Öffentlicher Haushalt. Finanzausgleich. 191 S. 1964. (782/782 a)

Finanzmathematik von M. Nicolas. 2., verb. Aufl. 192 S., 11 Taf., 8 Tab. u. 72 Beisp. 1967. (1183/1183 a)

Programmierung von Datenverarbeitungsanlagen von H. J. Schneider u. D. Jurksch. 111 S., 8 Tab., 11 Abb. 1967. (1225/1225 a)

Lineare Programmierung von H. Langen. Etwa 200 S. (1206/1206 a)

Buchhaltung und Bilanz von E. Kosiol. 2., überarb. u. veränd. Aufl. 170 S. 1967. (1213/1213 a)

Industrie- und Betriebssoziologie von R. Dahrendorf. 4. Aufl. 142 S., 3 Fig. 1967. (103)

Wirtschaftssoziologie von F. Fürstenberg. 122 S. 1961. (1193)

Psychologie des Berufs- und Wirtschaftslebens von W. Moede†. 190 S. 48 Abb. 1958. (851/851 a)

Einführung in die Arbeitswissenschaft von H. H. Hilf. 169 S., 57 Abb. 1964. (1212/1212 a)

Allgemeine Methodenlehre der Statistik von J. Pfanzagl. 2 Bde.
I: Elementare Methoden unter besonderer Berücksichtigung der Anwendungen in den Wirtschafts- und Sozialwissenschaften. 3., neubearb. Aufl. 266 S., 50 Abb. 1966. (746/746 a)
II: Höhere Methoden unter besonderer Berücksichtigung der Anwendungen in Naturwissenschaften, Medizin und Technik. 2., verb. Aufl. 315 S., 41 Abb. 1966. (747/747 a)

Zeitungslehre von E. Dovifat. 2 Bde. 5., neubearb. Aufl.
I: Theoretische und rechtliche Grundlagen — Nachricht und Meinung —Sprache und Form. 162 S. 1967. (1039/1039 a)
II: Redaktion — Die Sparten: Verlag und Vertrieb, Wirtschaft und Technik — Sicherung der öffentlichen Aufgabe. 179 S. 1967. (1040/1040 a)

Naturwissenschaften

Mathematik

Geschichte der Mathematik von J. E. Hofmann. 4 Bde.
I: Von den Anfängen bis zum Auftreten von Fermat und Descartes. 2., verb. u. verm. Aufl. 251 S. 1963. (226/226 a)
II: Von Fermat und Descartes bis zur Erfindung des Calculus und bis zum Ausbau der neuen Methoden. 109 S. 1957. (875)
III: Von den Auseinandersetzungen um den Calculus bis zur französischen Revolution. 107 S. 1957. (882)
IV: Geschichte der Mathematik der neuesten Zeit von N. Stuloff. In Vorb. (883)

Mathematische Formelsammlung von F. O. Ringleb. 8., verb. Aufl. 322 S., 40 Fig. 1967. (51/51 a)

Vierstellige Tafeln und Gegentafeln für logarithmisches und trigonometrisches Rechnen in zwei Farben zusammengestellt von H. Schubert und R. Haussner. 3., neubearb. Aufl. von J. Erlebach. 158 S. 1960. (81)

Fünfstellige Logarithmen mit mehreren graphischen Rechentafeln und häufig vorkommenden Zahlenwerten von A. Adler. 4. Aufl., überarb. von J. Erlebach. 127 S., 1 Taf. 1962. (423)

Arithmetik von P. B. Fischer†. 3. Aufl. von H. Rohrbach. 152 S., 19 Abb. 1958. (47)

Höhere Algebra von H. Hasse. 2 Bde. 5., neubearb. Aufl.
I: Lineare Gleichungen. 150 S. 1963. (931)
II: Gleichungen höheren Grades. 158 S., 5 Fig. 1967. (932)

Aufgabensammlung zur höheren Algebra von H. Hasse u. W. Klobe. 3., verb. Aufl. 183 S. 1961. (1082)

Elementare und klassische Algebra vom modernen Standpunkt von W. Krull. 2 Bde.
I: 3., erw. Aufl. 148 S. 1963. (930)
II: 132 S. 1959. (933)

Lineare Programmierung von H. Langen. Etwa 200 S. (1206/1206 a)

Progammierung von Datenverarbeitungsanlagen von H. J. Schneider u. D. Jurksch. 111 S., 8 Tab., 11 Abb. 1967. (1225/1225a)

Algebraische Kurven und Flächen von W. Burau. 2 Bde.
I: Algebraische Kurven der Ebene. 153 S., 28 Abb. 1962. (435)
II: Algebraische Flächen 3. Grades und Raumkurven 3. und 4. Grades. 162 S., 17 Abb. 1962 (436/436 a)

Einführung in die Zahlentheorie von A. Scholz†. Überarb. u. hrsg. von B. Schoeneberg. 4. Aufl. 128 S. 1966. (1131)

Formale Logik von P. Lorenzen. 3., durchges. u. erw. Aufl. 184 S. 1967. (1176/1176a)

Topologie von W. Franz. 2 Bde.
I: Allgemeine Topologie. 2., verb. Aufl. 144 S., 9 Fig. 1965. (1181)
II: Algebraische Topologie. 153 S. 1965. (1182/1182a)

Elemente der Funktionentheorie von K. Knopp†. 7. Aufl. 144 S., 23 Fig. 1966. (1109)

Funktionentheorie von K. Knopp†. 2 Bde. 11. Aufl.
I: Grundlagen der allgemeinen Theorie der analytischen Funktionen. 144 S., 8 Fig. 1965. (668)
II: Anwendungen und Weiterführung der allgemeinen Theorie. 130 S., 7 Fig. 1965. (703)

Aufgabensammlung zur Funktionentheorie von K. Knopp†. 2 Bde.
I: Aufgaben zur elementaren Funktionentheorie. 7. Aufl. 135 S. 1965. (877)
II: Aufgaben zur höheren Funktionentheorie. 6. Aufl. 151 S. 1964. (878)

Differential- und Integralrechnung von M. Barner. (Früher Witting). 4 Bde.
I: Grenzwertbegriff, Differentialrechnung. 2., durchges. Aufl. 176 S., 39 Fig. 1963. (86)

Gewöhnliche Differentialgleichungen von G. Hoheisel. 7., neubearb. u. erw. Aufl. 142 S. 1965. (920/920a)

Partielle Differentialgleichungen von G. Hoheisel. 4., durchges. Aufl. 128 S. 1960. (1003)

Aufgabensammlung zu den gewöhnlichen und partiellen Differentialgleichungen von G. Hoheisel. 4., neubearb. Aufl. 153 S. 1964. (1059/1059a)

Integralgleichungen von G. Hoheisel. 2., neubearb. u. erw. Aufl. 112 S. 1963. (1099)

Mengenlehre von E. Kamke. 5. Aufl. 194 S., 6 Fig. 1965. (999/999a)

Gruppentheorie von L. Baumgartner. 4., erw. Aufl. 190 S., 3 Taf. 1964. (837/837a)

Ebene und sphärische Trigonometrie von G. Hessenberg†. 5. Aufl. durchges. von H. Kneser 172 S., 60 Fig. 1957 (99)

Darstellende Geometrie von W. Haack. 3 Bde.
I: Die wichtigsten Darstellungsmethoden. Grund- und Aufriß ebenflächiger Körper. 6. Aufl. 113 S., 120 Abb. 1967. (142)
II: Körper mit krummen Begrenzungsflächen. Kotierte Projektionen. 4., durchges. Aufl. 129 S., 86 Abb. 1965. (143)
III: Axonometrie und Perspektive. 3. Aufl. 129 S., 100 Abb. 1965. (144)

Analytische Geometrie von K. P. Grotemeyer. 3., neubearb. Aufl. 218 S., 73 Abb. 1964. (65/65a)

Nichteuklidische Geometrie. Hyperbolische Geometrie der Ebene von R. Baldus†. 4. Aufl., bearb. u. erg. von F. Löbell. 158 S., 75 Fig. 1964. (970/970a)

Differentialgeometrie von K. Strubecker. 3 Bde.
I: Kurventheorie der Ebene und des Raumes. 2., erw. Aufl. 253 S., 45 Fig. 1964. (1113/1113a)
II: Theorie der Flächenmetrik. 195 S., 14 Fig. 1958. (1179/1179a)
III: Theorie der Flächenkrümmung. 254 S., 38 Fig. 1959. (1180/1180a)

Variationsrechnung von L. Koschmieder. 2 Bde. 2., neubearb. Aufl.
I: Das freie und gebundene Extrem einfacher Grundintegrale. 128 S., 23 Fig. 1962. (1074)
II: Anwendung klassischer Verfahren auf allgemeine Fragen des Extrems. — Neuere unmittelbare Verfahren. In Vorb. (1075)

Einführung in die konforme Abbildung von L. Bieberbach. 6. Aufl. Etwa 180 S., 42 Fig. 1967. In Vorb. (768/768a)

Vektoren und Matrizen von S. Valentiner. 4. Aufl. (11., erw. Aufl der „Vektoranalysis"). Mit Anh.: Aufgaben zur Vektorrechnung von H. König. 206 S., 35 Fig. 1967. (354/354a)

Wahrscheinlichkeitstheorie und Grundzüge der Maßtheorie von H. Bauer. 2 Bde.
I: 15(S. 1964. (1216/1216a)
II: In Vorb. (1217)

Versicherungsmathematik von F. Böhm. 2 Bde.
I: Elemente der Versicherungsrechnung. 3., verm. u. verb. Aufl. Durchges. Neudr. 151 S. 1953. (180)
II: Lebensversicherungsmathematik. Einführung in die technischen Grundlagen der Sozialversicherung. 2., verb. u. verm. Aufl. 205 S. 1953. (917/917a)

Finanzmathematik von M. Nicolas, 2., verb. Aufl. 192 S., 11 Taf., 8 Tab. u. 72 Beisp. 1967. (1183/1183a)

Kinematik von H. R. Müller. 171 S., 75 Fig. 1963. (584/584a)

Physik

Einführung in die theoretische Physik von W. Döring. 5 Bde.
I: Mechanik. 3., verb. Aufl. 125 S., 23 Abb. 1965. (76)
II: Das elektromagnetische Feld. 2., verb. Aufl. 132 S., 15 Abb. 1962. (77)
III: Optik. 2., verb. Aufl. 117 S., 32 Abb. 1963. (78)
IV: Thermodynamik. 2., verb. Aufl. 107 S., 9 Abb. 1964. (374)
V: Statistische Mechanik. 2., umgearb. Aufl. 117 S., 10 Abb. 1966. (1017)

Mechanik deformierbarer Körper von M. Päsler. 199 S., 48 Abb. 1960. (1189/1189a)

Atomphysik von K. Bechert, Ch. Gerthsen† u. A. Flammersfeld. 7 Bde. 4., durchges. Aufl.
I: Allgemeine Grundlagen. 1. Teil von A. Flammersfeld. 124 S., 35 Abb. 1959. (1009)
II: Allgemeine Grundlagen. 2. Teil von A. Flammersfeld. 112 S., 47 Abb. 1963. (1033)

III: Theorie des Atombaus. 1. Teil von K. Bechert. 148 S., 16 Abb. 1963. (1123/1123a)
IV: Theorie des Atombaus. 2. Teil von K. Bechert. 170 S., 14 Abb. 1963. (1165/1165a)

Differentialgleichungen der Physik von F. Sauter. 4., durchges. u. erg. Aufl. 147 S., 16 Fig. 1966. 1070)

Physikalische Formelsammlung von G. Mahler†. Fortgef. von K. Mahler. Neubearb. von H. Graewe. 11. Aufl. 167 S., 69 Fig. 1963. (136)

Physikalische Aufgabensammlung mit Ergebnissen von G. Mahler†. Fortgef. von K. Mahler. Neubearb. von H. Graewe. 12. Aufl. 141 S. 1964. (243)

Chemie

Geschichte der Chemie in kurzgefaßter Darstellung von G. Lockemann. 2 Bde. 2. Aufl.
I: Vom Altertum bis zur Entdeckung des Sauerstoffs. 142 S., 4 Bildn. In Vorb. (264)
II: Von der Entdeckung des Sauerstoffs bis zur Gegenwart. 151 S., 16 Bildn. In Vorb. (265/265a)

Anorganische Chemie von W. Klemm. 14. Aufl. 255 S., 34 Abb. 1967. (37/37a)

Organische Chemie von W. Schlenk jun. 10., erw. Aufl. 273 S., 16 Abb. 1965. (38/38a)

Physikalische Methoden in der Organischen Chemie von G. Kresze. 2 Bde.
I: 119 S., 65 Abb. 1962. (44)
II: 164 S. 1962. (45/45a)

Allgemeine und physikalische Chemie von W. Schulze. 2 Bde.
I: 6., verb. Aufl. 139 S., 10 Fig. 1964. (71)
II: 6., verb. Aufl. 178 S. 37 Fig. In Vorb. (698/698a)

Molekülbau. Theoretische Grundlagen und Methoden der Strukturermittlung von W. Schulze. 123 S., 43 Fig. 1958. (786)

Einfache Versuche zur allgemeinen und physikalischen Chemie von E. Dehn. 371 Versuche m. 40 Abb. 272 S. 1962. (1201/1201a)

Physikalisch-chemische Rechenaufgaben von E. Asmus. 4., verb. Aufl. 96 S. 1967. (445)

Maßanalyse. Theorie und Praxis der klassischen und der elektrochemischen Titrierverfahren von G. Jander und K. F. Jahr. 11., durchges. Aufl., mitbearb. von H. Knoll. 359 S., 56 Fig. 1966. (221/221a)

Qualitative Analyse von H. Hofmann u. G. Jander. 2., durchges. u. verb. Aufl. 308 S., 5 Abb. 1963. (247/247a)

Stöchiometrische Aufgabensammlung von W. Bahrdt† u. R. Scheer. Mit den Ergebnissen. 9., durchges. Aufl. Etwa 119 S. 1967. (452/452a)

Elektrochemie von K. Vetter. 2 Bde.
I: In Vorb. (252)
II: In Vorb. (253)

Geochemie von K. H. Wedepohl. 221 S., 26 Abb., 37 Tab. 1967. (1224/1224a/1224b)

Kristallchemie von J. Zemann. 144 S., 90 Abb. 1966. (1220/1220a)

Technologie

Die Chemie der Kunststoffe von K. Hamann, unt. Mitarb. von W. Funke u. H. D. Hermann. 2. Aufl. 143 S. 1967. In Vorb. (1173/1173a)

Warenkunde von K. Hassak u. E. Beutel†. 2 Bde.
I: Anorganische Waren sowie Kohle und Erdöl. 8. Aufl. Neubearb. von A. Kutzelnigg. 119 S., 18 Fig. 1958. (222)
II: Organische Waren. 8. Aufl. Vollst. neu bearb. von A. Kutzelnigg. 157 S., 32 Fig. 1959. (223)

Die Fette und Öle von Th. Klug. 6., verb. Aufl. 143 S. 1961. (335)

Die Seifenfabrikation von K. Braun†. 3., neubearb. u. verb. Aufl. von h. Klug. 116 S., 18 Abb. 1953. (336)

Thermische Verfahrenstechnik von H. Bock. 3 Bde.
I: Eigenschaften und Verhalten der realen Stoffe. 184 S., 28 Abb. 1963. (1209/1209a)
II: Funktion und Berechnung der elementaren Geräte. 195 S., 54 Abb. 1964. (1210/1210a)
III: Fließbilder, ihre Funktion und ihr Zusammenbau aus Geräten. 224 S., 67 Abb. 1965. (1211/1211a)

Textilindustrie von A. Blümcke.
I: Spinnerei und Zwirnerei. 111 S., 43 Abb. 1954. (184)

Biologie

Einführung in die allgemeine Biologie und ihre philosophischen Grund- und Grenzfragen von M. Hartmann. 2., unveränd. Aufl. 132 S., 2 Abb. 1965. (96)

Hormone von G. Koller. 2., neubearb. u. erw. Aufl. 187 S., 60 Abb., 19 Tab. 1949. (1141)

Fortpflanzung im Tier- und Pflanzenreich von J. Hämmerling. 2., erg. Aufl. 135 S., 101 Abb. 1951. (1138)

Geschlecht und Geschlechtsbestimmung im Tier- und Pflanzenreich von M. Hartmann. 2., verb. Aufl. 116 S., 61 Abb., 7 Tab. 1951. (1127)

Symbiose der Tiere mit pflanzlichen Mikroorganismen von P. Buchner. 2., verb. u. verm. Aufl. 130 S., 121 Abb. 1949. (1128)

Grundriß der allgemeinen Mikrobiologie von W. u. A. Schwartz. 2 Bde. 2., verb. u. erg. Aufl.
I: 147 S., 25 Abb. 1960. (1155)
II: 142 S., 29 Abb. 1961. (1157)

Botanik

Entwicklungsgeschichte des Pflanzenreiches von H. Heil. 2. Aufl. 138 S., 94 Abb., 1 Tab. 1950. (1137)

Morphologie der Pflanzen von L. Geitler. 3., umgearb. Aufl. 126 S., 114 Abb. 1953. (141)

Pflanzengeographie von L. Diels†. 5., völl. neu bearb. Aufl. von F. Mattick. 195 S., 2 Ktn. 1958. (389/389a)

Die Laubhölzer. Kurzgefaßte Beschreibung der in Mitteleuropa gedeihenden Laubbäume und Sträucher von F. W. Neger† und E. Münch†. 3., durchges. Aufl., hrsg. von B. Huber. 143 S., 63 Fig., 7 Tab. 1950. (718)

Die Nadelhölzer (Koniferen) und übrigen Gymnospermen von F. W. Neger† und E. Münch†. 4. Aufl., durchges. u. erg. von B. Huber. 140 S., 75 Fig., 4 Tab., 3 Ktn. 1952. (355)

Pflanzenzüchtung von H. Kuckuck. 2 Bde.
- I: Grundzüge der Pflanzenzüchtung. 3., völl. umgearb. u. erw. Aufl. 132 S., 22 Abb. 1952. (1134)
- II: Spezielle gartenbauliche Pflanzenzüchtung (Züchtung von Gemüse, Obst und Blumen). 178 S., 27 Abb. 1957. (1178/1178a)

Zoologie

Entwicklungsphysiologie der Tiere von F. Seidel. 2 Bde. 2. Aufl.
- I: Ei und Furchung. Etwa 160 S., 61 Abb. (1162)
- II: Körpergrundgestalt und Organbildung. In Vorb. (1163)

Vergleichende Physiologie der Tiere von K. Herter. 2 Bde. 4. Aufl. der „Tierphysiologie".
- I: Stoff- und Energiewechsel. Neu bearb. von K. Urich. 158 S., 61 Abb. 1966. (972/972a)
- II: Bewegung und Reizerscheinungen. Neu bearb. von G. Birukow. In Vorb. (973)

Das Tierreich
- I: Einzeller, Protozoen von E. Reichenow. 115 S., 59 Abb. 1956. (444)
- II: Schwämme und Hohltiere von H. J. Hannemann. 95 S., 80 Abb. 1956. (442)
- III: Würmer. Platt-, Hohl-, Schnurwürmer, Kamptozoen, Ringelwürmer, Protracheaten, Bärtierchen, Zungenwürmer von S. Jaeckel. 114 S., 36 Abb. 1955. (439)
- IV, 1: Krebse von H. E. Gruner und K. Deckert. 114 S., 43 Abb. 1956. (443)
- IV, 2: Spinnentiere (Trilobitomorphen, Fühlerlose) und Tausendfüßler von A. Kaestner. 96 S., 55 Abb. 1955. (1161)
- IV, 3: Insekten von H. von Lengerken. 2., neubearb. Aufl. 140 S., 59 Abb. 1966. (594)
- V: Weichtiere. Urmollusken, Schnecken, Muscheln und Kopffüßer von S. Jaeckel. 92 S., 34 Fig. 1954. (440)

VI: Stachelhäuter. Tentakulaten, Binnenatmer und Pfeilwürmer von S. Jaeckel. 100 S., 46 Abb. 1955. (441)
VII, 1: Manteltiere, Schädellose, Rundmäuler von H. Fechter. In Vorb. (448)
VII, 2: Fische von D. Lüdemann. 130 S., 65 Abb. 1955. (356)
VII, 3: Lurche (Chordatiere) von K. Herter. 143 S., 129 Abb. 1955. (847)
VII, 4: Kriechtiere (Chordatiere) von K. Herter. 200 S., 142 Abb. 1960. (447/447 a)
VII, 5: Vögel (Chordatiere) von H.-A. Freye. 156 S., 69 Fig. 1960. (869)
VII, 6: Säugetiere (Chordatiere) von Th. Haltenorth. In Vorb. (282)

Land- und Forstwirtschaft

Landwirtschaftliche Tierzucht. Die Züchtung und Haltung der landwirtschaftlichen Nutztiere von H. Vogel. 139 S., 11 Abb. 1952. (228)

Kulturtechnische Bodenverbesserungen von O. Fauser. 2 Bde. 5., verb. u. verm. Aufl.
I: Allgemeines, Entwässerung. 127 S., 49 Abb. 1959. (691)
II: Bewässerung, Ödlandkultur, Flurbereinigung. 159 S., 71 Abb. 1961. (692)

Agrikulturchemie von K. Scharrer. 2 Bde.
I: Pflanzenernährung. 143 S. 1953. (329)
II: Futtermittelkunde. 192 S. 1956. (330/330a)

Geologie, Mineralogie, Kristallographie

Geologie von F. Lotze. 3., verb. Aufl. 179 S., 80 Abb. 1965. (13/13a)

Mineral- und Erzlagerstättenkunde von H. Huttenlocher†. 2 Bde. 2., neubearb. Aufl. von P. Ramdohr.
I: 137 S., 40 Abb., 2 Tab. 1965. (1014/1014a)
II: 135 S., 41 Abb. 1965. (1015/1015a)

Allgemeine Mineralogie. 11., erw. Aufl. der „Mineralogie" von R. Brauns† neubearb. von K. F. Chudoba. 152 S., 143 Textfig., 1 Taf., 3 Tab. 1963. (29/29a)

Spezielle Mineralogie. 11., erw. Aufl. der „Mineralogie" von R. Brauns†, bearb. von K. F. Chudoba. 193 S., 127 Textfig., 6 Tab. 1964. (31/31 a)

Petrographie (Gesteinskunde) von W. Bruhns†. Neubearb. von P. Ramdohr. 6., erw. Aufl. 141 S., 21 Fig. 1966. (173)

Geochemie von K. H. Wedepohl. 221 S., 26 Abb., 37 Tab. 1967. (1224/1224a/1224b)

Kristallchemie von J. Zemann. 144 S., 90 Abb. 1966. (1220/1220a)

Kristallographie von W. Bruhns†. 6. Aufl., neubearb. von P. Ramdohr. 115 S., 164 Abb. 1965. (210)

Einführung in die Kristalloptik von E. Buchwald. 5., verb. Aufl. 128 S., 117 Fig. 1963 (619/619a)

Lötrohrprobierkunde. Mineraldiagnose mit Lötrohr und Tüpfelreaktion von M. Henglein. 4., durchges. u. erw. Aufl. 108 S., 12 Fig. 1962. (483)

Technik

Graphische Darstellung in Wissenschaft und Technik von M. Pirani. 3., erw. Aufl. bearb. von J. Fischer unt. Benutzg. der von I. Runge bes. 2. Aufl. 216 S., 104 Abb. 1957. (728/728a)

Technische Tabellen und Formeln von W. Müller. 5., verb. u. erw. Aufl. von E. Schulze. 165 S., 114 Abb., 99 Taf. 1962. (579)

Einführung in die Arbeitswissenschaft von H. H. Hilf. 164 S., 57 Abb. 1964. (1212/1212a)

Grundlagen der Straßenverkehrstechnik. Theorie der Leistungsfähigkeit von E. Engel. 101 S., 55 Abb. 1962. (1198)

Elektrotechnik

Grundlagen der allgemeinen Elektrotechnik von O. Mohr. 3. Aufl. 260 S., 136 Bild., 14 Taf. 1965. (196/196a)

Die Gleichstrommaschine von K. Humburg. 2 Bde. 2., durchges. Aufl.
I: 102 S., 59 Abb. 1956. (257)
II: 101 S., 38 Abb. 1956. (881)

Die Synchronmaschine von W. Putz. 92 S., 64 Bild. 1962. (1146)

Induktionsmaschinen von F. Unger. 2., erw. Aufl. 142 S., 49 Abb. 1954. (1140)

Die komplexe Berechnung von Wechselstromschaltungen von H. H. Meinke. 3., neubearb. Aufl. 185 S., 126 Abb. 1965. (1156/1156a)

Theoretische Grundlagen zur Berechnung der Schaltgeräte von F. Kesselring. 4. Aufl In Vorb. (711/711a)

Einführung in die Technik selbsttätiger Regelungen von W. zur Megede. 3., überarb. u. erw. Aufl. Etwa 180 S., 86 Abb. 1967. In Vorb. (714/714a)

Elektromotorische Antriebe von W. Meyer. In Vorb. (827/827a)

Überspannungen und Überspannungsschutz von G. Frühauf. Durchges. Neudr. 122 S., 98 Abb. 1950. (1132)

Elektrische Höchstspannungs-Schaltanlagen. Für Freiluft und Innenanordnung von G. Meiners u. K.-H. Wiesenewsky. 138 S., 58 Abb. 1964. (796/796a)

Transformatoren von W. Schäfer. 5., überarb. u. erg. Aufl. Etwa 130 S., 73 Abb. 1967. (952/952a)

Maschinenbau

Thermische Verfahrenstechnik von H. Bock. 3 Bde
- I: Eigenschaften und Verhalten der realen Stoffe. 184 S., 28 Abb. 1963. (1209/1209a)
- II: Funktion und Berechnung der elementaren Geräte. 195 S., 54 Abb. 1964. (1210/1210a)
- III: Fließbilder, ihre Funktion und ihr Zusammenbau aus Geräten. 224 S., 67 Abb. 1965. (1211/1211a)

Technische Thermodynamik von U. Grigull. 171 S., 74 Abb. 1966. (1084/1084a)

Metallkunde von H. Borchers. 3 Bde.
- I: Aufbau der Metalle und Legierungen. 6. Aufl. 120 S., 90 Abb., 2 Tab. 1964. (432)
- II: Eigenschaften, Grundzüge der Form- und Zustandsgebung. 5., erg. u. durchges. Aufl. 182 S., 107 Abb., 10 Tab. 1963. (433/433a)
- III: Die metallkundlichen Untersuchungsmethoden von E. Hanke. In Vorb. (434)

Die Werkstoffe des Maschinenbaues von A. Thum† und C. M. v. Meysenbug. 2 Bde.
- I: Einführung in die Werkstoffprüfung. 2., neubearb. Aufl. 100 S., 7 Tab. 56 Abb. 1956. (476)
- II: Die Konstruktionswerkstoffe. 132 S. 40 Abb. 1959. (936)

Dynamik von W. Müller. 2 Bde. 2. verb. Aufl.
- I: Dynamik des Einzelkörpers. 128 S., 48 Fig. 1952. (902)
- II: Systeme von starren Körpern. 102 S., 41 Fig. 1952. (903)

Technische Schwingungslehre von L. Zipperer. 2 Bde. 2., neubearb. Aufl.
- I: Allgemeine Schwingungsgleichungen, einfache Schwinger. 120 S., 101 Abb. 1953. (953)
- II: Torsionsschwingungen in Maschinenanlagen. 102 S., 59 Abb. 1955. (961/961a)

Werkzeugmaschinen für Metallbearbeitung von K. P. Matthes. 2 Bde.
- I: 100 S., 27 Abb., 11 Zahlentaf., 1 Tafelanh. 1954. (561)
- II: Fertigungstechnische Grundlagen der neuzeitlichen Metallbearbeitung. 101 S., 30 Abb., 5 Taf. 1955. (562)

Das Maschinenzeichnen mit Einführung in das Konstruieren von W. Tochtermann. 2 Bde. 4. Aufl.
- I: Das Maschinenzeichnen. 156 S., 75 Taf. 1950 (589)
- II: Ausgeführte Konstruktionsbeispiele 130 S., 58 Taf. 1950. (590)

Die Maschinenelemente von E A. vom Ende†. 4., überarb. Aufl. 184 S., 179 Fig., 11 Taf 1963. (3/3a)

Die Maschinen der Eisenhüttenwerke von L. Engel. 156 S., 95 Abb. 1957. (583/583a)

Walzwerke von H. Sedlaczek† unt. Mitarb. von F. Fischer u. M. Buch. 232 S., 157 Abb. 1958. (580/580a)

Getriebelehre von P. Grodzinski†. 2 Bde. 3., neubearb. Aufl. von G. Lechner.
- I: Geometrische Grundlagen. 164 S., 131 Fig. 1960. (1061)
- II: Angewandte Getriebelehre In Vorb (1062)

Kinematik von H. R. Müller. 171 S., 75 Fig. 1963. (584/584a)

Gießereitechnik von H. Jungbluth. 2 Bde.
I: Eisengießerei. 126 S., 44 Abb. 1951. (1159)

Die Dampfkessel einschließlich Feuerungen und Hilfseinrichtungen. Physikalische und chemische Grundlagen, Berechnung und Konstruktion, Vorschriften und Beispiele von W. Marcard. 3., neubearb. Aufl. von G. Beyer 2 Bde.
I: Physikalische und chemische Grundlagen, Wärmelehre, Wärmeübertragung, Verbrennung. 133 S., 35 Bild., 26 Tab. 1964. (9/9a)
II: Berechnung und Konstruktion. Dampfkessel, Hilfseinrichtungen. Feuerungen, Berechnung. 108 S., 45 Bild. 1966. (521/521a)

Die Dampfturbinen. Ihre Wirkungsweise, Berechnung und Konstruktion von C. Zietemann. 3 Bde.
I: Theorie der Dampfturbinen. 4. Aufl 139 S.. 48 Abb. In Vorb. (274)
II: Die Berechnung der Dampfturbinen und die Konstruktion der Einzelteile. 4., verb. Aufl. 132 S. 111 Abb. In Vorb. (715)
III: Die Regelung der Dampfturbinen. die Bauarten, Turbinen für Sonderzwecke, Kondensationsanlagen. 3. verb Aufl. 126 S.. 90 Abb. 1956. (716)

Verbrennungsmotoren von W. Endres. 3 Bde
I: Überblick. Motor-Brennstoffe, Verbrennung im Motor allgemein, im Otto- und Diesel-Motor, 153 S., 57 Abb. 1958 (1076/1076a)
II: Gaswechselvorgang. Aufladen, Leistung, mittl. Druck. Reibung Wirkungsgrade und Kraftstoffverbrauch. 152 S., 62 Abb. 1966 (1184/1184a)
III: Die Einzelteile des Verbrennungsmotors. In Vorb. (1185/1185a)

Autogenes Schweißen und Schneiden von H. Niese. 5. Aufl., neubearb. von A. Küchler. 136 S., 71 Fig. 1953. (499)

Die elektrischen Schweißverfahren von H. Niese. 2. Aufl., neubearb. von H. Dienst. 136 S.. 58 Abb. 1955. (1020)

Die Hebezeuge. Entwurf von Winden und Kranen von G. Tafel. 2., verb. Aufl. 176 S., 230 Fig. 1954. (414/414a)

Vermessungswesen

Vermessungskunde von W. Großmann. 3 Bde.
I: Stückvermessung und Nivellieren. 12., verb. Aufl. 156 S., 122 Fig. 1965., (468)
II: Horizontalaufnahmen und ebene Rechnungen. 10., verb. Aufl. 149 S., 101 Fig. 1967. (469/469a)
III: Trigonometrische und barometrische Höhenmessung. Tachymetrie und Absteckungen. 8., verb. Aufl. 140 S., 102 Fig. 1965. (862)

Kartographie von V. Heissler. 2 Aufl 213 S., 125 Abb., 8 Anl. 1966. (30/30a)

Photogrammetrie von G. Lehmann. 2., neubearb. Aufl. 205 S., 136 Abb. 1966. (1188/1188a)

Wasserbau

Wasserkraftanlagen von A. Ludin unt. Mitarb. von W. Borkenstein. 2 Bde.
I: Planung, Grundlagen und Grundzüge. 124 S., 60 Abb. 1955. (665)
II: Anordnung und Ausbildung der Hauptbauwerke. 184 S., 91 Abb. 1958. (666/666a)

Verkehrswasserbau von H. Dehnert. 3 Bde.
I: Entwurfsgrundlagen, Flußregelungen. 103 S., 53 Abb. 1950. (585)
II: Flußkanalisierung und Schiffahrtskanäle. 94 S., 60 Abb. 1950. (597)
III: Schleusen und Hebewerke. 98 S., 70 Abb. 1950. (1152)

Wehr- und Stauanlagen von H. Dehnert. 134 S., 90 Abb. 1952. (965)

Talsperren von F. Tölke. 122 S., 70 Abb. 1953. (1044)

Hoch- und Tiefbau

Die wichtigsten Baustoffe des Hoch- und Tiefbaus von O. Graf†. 4., verb. Aufl. 131 S., 63 Abb. 1953. (984)

Baustoffverarbeitung und Baustellenprüfung des Betons von A. Kleinlogel. 2., neubearb. u. erw. Aufl. 126 S., 35 Abb. 1951. (978)

Festigkeitslehre. 2 Bde.
I: Elastizität, Plastizität und Festigkeit der Baustoffe und Bauteile von W. Gehler† u. W. Herberg. Durchges. u. erw. Neudr. 159 S., 118 Abb. 1952. (1144)
II: Formänderung, Platten, Stabilität und Bruchhypothesen von W. Herberg und N. Dimitrov. 187 S., 94 Abb. 1955. (1145/1145a)

Grundlagen des Stahlbetonbaues von A. Troche. 2., neubearb. u. erw. Aufl. 208 S., 75 Abb., 17 Bemessungstaf., 20 Rechenbeisp. 1953. (1078)

Statik der Baukonstruktionen von A. Teichmann. 3 Bde.
I: Grundlagen. 101 S., 51 Abb., 8 Formeltaf. 1956. (119)
II: Statisch bestimmte Stabwerke. 107 S., 52 Abb., 7 Taf. 1957. (120)
III: Statisch unbestimmte Systeme. 112 S., 34 Abb., 7 Formeltaf. 1958. (122)

Fenster, Türen, Tore aus Holz und Metall. Eine Anleitung zu ihrer guten Gestaltung, wirtschaftlichen Bemessung und handwerksgerechten Konstruktion von W. Wickop†. 5. Aufl. In Vorb. (1092)

Heizung und Lüftung von W. Körting. 2 Bde., neubearb. Aufl.
I: Das Wesen und die Berechnung der Heizungs- und Lüftungsanlagen. 171 S., 29 Abb., 36 Zahlentaf. 1962. (342/342a)
II: Die Ausführung der Heizungs- und Lüftungsanlagen. In Vorb. (343)

Industrielle Kraft- und Wärmewirtschaft von F. A. F. Schmidt u. A. Beckers. 167 S., 73 Abb. 1957. (318/318a)

Sammlung Göschen / Bandnummernfolge

1 Langosch, Der Nibelunge Nôt
3/3a v. Ende, Maschinenelemente
9/9a Marcard-Beyer, Dampfkessel I
10 Jiriczek-Wisniewski, Kudrun und Dietrich-Epen
13/13a Lotze, Geologie
18 Maurer, Hartmann von Aue, Der arme Heinrich
19 Altheim, Römische Geschichte I
20 Hofstaetter, Dt. Sprachlehre
22 Maurer, Gottfried von Strassburg
29/29a Brauns-Chudoba, Allgemeine Mineralogie
30/30a Heissler, Kartographie
31/31a Brauns-Chudoba, Spezielle Mineralogie
32 Schneider-Wisniewski, Deutsche Heldensage
35 Treue, Dt. Geschichte von 1648 bis 1740
37/37a Klemm, Anorgan. Chemie
38/38a Schlenk, Organische Chemie
39 Treue, Dt. Geschichte von 1713 bis 1806
42 Behn-Hoernes, Vorgeschichte Europas
44 Kresze, Physikal. Meth. in der Organ. Chemie I
45/45a Kresze, Physikal. Meth. in der Organ. Chemie II
47 Fischer-Rohrbach, Arithmetik
51/51a Ringleb, Mathem. Formelsammlung
52 Bieler, Röm. Literaturgesch. I
59 Krahe, Indogerm. Sprachwiss. I
60 Biehle, Stimmkunde
61 Biehle, Redetechnik
64 Krahe, Indogerm. Sprachwiss. II
65/65a Grotemeyer, Analyt. Geometrie
66 Berneker-Vasmer, Russische Grammatik
70 Nestle-Liebich, Gesch. d. griechischen Literatur I
71 Schulze, Allgemeine und physikalische Chemie I
76 Döring, Einf. i. d. th. Physik I
77 Döring, Einf. i. d. th. Physik II
78 Döring, Einf. i. d. th. Physik III
79/79a Hempel, Got. Elementarbuch
80 Weigert, Stilkunde I
81 Schubert-Haussner-Erlebach, Vierstell. Logarithmentafeln
86 Barner, Differential- u. Integralrechnung I
96 Hartmann, Einf. in die allgem. Biologie
99 Hessenberg-Kneser, Ebene und sphär. Trigonometrie
101/101a Wiese, Soziologie
103 Dahrendorf, Industrie- und Betriebssoziologie
104/104a Hofstätter, Sozialpsychologie
111 Hoffmann-Debrunner, Gesch. d. griechischen Sprache I
114 Debrunner, Gesch. der griechischen Sprache II
117 Brandenstein, Griechische Sprachwissenschaft I
118/118a Brandenstein, Griechische Sprachwissenschaft II
119 Teichmann, Statik der Baukonstruktionen I
120 Teichmann, Statik der Baukonstruktionen II
122 Teichmann, Statik der Baukonstruktionen III
128/128a Lausberg, Romanische Sprachwissenschaft I

136 Mahler-Graewe, Physikal. Formelsammlung
141 Geitler, Morphologie der Pflanzen
142 Haack, Darst. Geometrie I
143 Haack, Darst. Geometrie II
144 Haack, Darst. Geometrie III
145/145a Weimer, Gesch. der Pädagogik
148 Kolms, Finanzwissenschaft I
156/156a Landmann, Philosophische Anthropologie
170 Oehlmann, Musik des 19. Jhs.
171/171a Oehlmann, Musik des 20. Jhs.
173 Bruhns-Ramdohr, Petrographie
174 Schlingloff, Religion des Buddhismus I
180 Böhm, Versicherungsmathem. I
184 Blümcke, Textilindustrie I
196/196a Mohr, Grundlagen der allgem. Elektrotechnik
200/200a Gottschald, Dt. Rechtschreibungswörterbuch
210 Bruhns-Ramdohr, Kristallographie
220/220a Moser, Allg. Musiklehre
221/221a Jander-Jahr-Knoll, Maßanalyse
222 Hassak-Beutel-Kutzelnigg, Warenkunde I
223 Hassak-Beutel-Kutzelnigg, Warenkunde II
226/226a Hofmann, Gesch. der Mathematik I
228 Vogel, Landw. Tierzucht
231/231a Ehrlich, Geschichte Israels
238 Krahe, German. Sprachwiss. I
243 Mahler-Graewe, Physikal. Aufgabensammlung
247/247a Hofmann-Jander, Qualitative Analyse
250 Lausberg, Romanische Sprachwissenschaft II
252 Vetter, Elektrochemie I
253 Vetter, Elektrochemie II
257 Humburg, Gleichstrommaschine I
264 Lockemann, Gesch. der Chemie I
265/265a Lockemann, Geschichte der Chemie II
270/270a Kirn-Leuschner, Einführung in die Geschichtswissenschaft
274 Zietemann, Dampfturbinen I
279 Jacob-Hohenleutner, Quellenkunde der deutschen Geschichte I
280 Jacob-Hohenleutner, Quellenkunde der deutschen Geschichte II
281 Leisegang, Einführung in die Philosophie
282 Haltenorth, Säugetiere
284 Jacob-Weden, Quellenkunde der deutschen Geschichte III
318/318a Schmidt-Beckers, Industrielle Kraft- u. Wärmewirtschaft
319 Krug, Australien und Ozeanien
329 Scharrer, Agrikulturchemie I
330/330a Scharrer, Agrikulturchemie II
335 Klug, Fette und Öle
336 Braun-Klug, Seifenfabrikation
342/342a Körting, Heizung und Lüftung I
343 Körting, Heizung und Lüftung II
344 Moser, Musikästhetik
354/354a Valentiner-König, Vektoren und Matrizen
355 Neger-Münch-Huber, Nadelhölzer
356 Lüdemann, Fische
374 Döring, Einf. i. d. th. Physik IV
375/375a Preller, Geschichte Englands
389/389a Diels-Mattick, Pflanzengeographie
391 Kolms, Finanzwissenschaft II
394/394a Schilling, Von der Renaissance bis Kant
414/414a Tafel, Hebezeuge
422 Gottschald, Dt. Personennamen
423 Adler-Erlebach, Fünfstellige Logarithmen
432 Borchers, Metallkunde I
433/433a Borchers, Metallkunde II
434 Borchers-Hanke, Metallkunde III
435 Burau, Algebr. Kurven und Flächen I
436/436a Burau, Algebr. Kurven und Flächen II
439 Jaeckel, Würmer
440 Jaeckel, Weichtiere
441 Jaeckel, Stachelhäuter
442 Hannemann, Schwämme und Hohltiere
443 Gruner-Deckert, Krebse

444 Reichenow, Einzeller
445 Asmus, Physikal.-chem. Rechenaufgaben
447/447a Herter, Kriechtiere
448 Fechter, Manteltiere
452/452a Bahrdt-Scheer, Stöchiometr. Aufgabenslg.
468 Großmann, Vermessungskunde I
469/469a Großmann, Vermessungskunde II
476 Thum-Meysenbug, Werkstoffe des Maschinenbaues I
483 Henglein, Lötrohrprobierkunde
492/492a Stolz-Debrunner-Schmid, Geschichte der lateinischen Sprache
499 Niese-Küchler, Autogenes Schweißen
500 Simmel, Hauptprobleme der Philosophie
521/521a Marcard-Beyer, Dampfkessel II
536 Lehmann, Kant
538 Rumpf, Archäologie I
539 Rumpf, Archäologie II
540 Rumpf, Archäologie III
557 Nestle-Liebich, Gesch. der griech. Literatur II
561 Matthes, Werkzeugmaschinen I
562 Matthes, Werkzeugmaschinen II
564 Behn-Hoernes, Kultur der Urzeit I
565 Behn-Hoernes, Kultur der Urzeit II
566 Behn-Hoernes, Kultur der Urzeit III
571 Lehmann, Philosophie des 19. Jahrhunderts I
576/576a Moser, Gesangskunst
579 Müller-Schulze, Techn. Tabellen
580/580a Sedlaczek-Fischer-Buch, Walzwerke
583/583a Engel, Maschinen der Eisenhüttenwerke
584/584a Müller, Kinematik
585 Dehnert, Verkehrswasserbau I
587 Kalitsunakis-Steinmetz, Neugriech.-dt. Gesprächsbuch
589 Tochtermann, Maschinenzeichnen I
590 Tochtermann, Maschinenzeichnen II
594 Lengerken, Insekten
597 Dehnert, Verkehrswasserbau II
601 Mutschmann-Scherer, Engl. Phonetik
608/608a/608b Erman-Krückmann, Hieroglyphen
619/619a .Buchwald, Kristalloptik
665 Ludin-Borkenstein, Wasserkraftanlagen I
666/666a Ludin-Borkenstein, Wasserkraftanlagen II
668 Knopp, Funktionentheorie I
677 Altheim, Röm. Geschichte II
679 Altheim, Röm. Geschichte III
684 Altheim, Röm. Geschichte IV
691 Fauser, Kulturtechn. Bodenverbesserungen I
692 Fauser, Kulturtechn Bodenverbesserungen II
698/698a Schulze, Allgemeine u. physikalische Chemie II
703 Knopp, Funktionentheorie II
708/708a/708b Meissner-Oberhuber, Keilschrift
709 Lehmann, Philosophie des 19. Jahrhunderts II
711/711a Kesselring, Berechnung der Schaltgeräte
714/714a zur Megede, Technik selbsttätiger Regelungen
715 Zietemann, Dampfturbinen II
716 Zietemann, Dampfturbinen III
718 Neger-Münch-Huber, Laubhölzer
728/728a Pirani-Fischer-Runge, Graph. Darstellung in Wissenschaft u. Technik
735 Ekwall, Historische neuengl. Laut- und Formenlehre
746/746a Pfanzagl, Allg. Methodenlehre der Statistik I
747/747a Pfanzagl, Allg. Methodenlehre der Statistik II
756/756a Kalitsunakis, Gramm. d. Neugriech. Volksspr.
763/763a/763b Meyer, Hebräische Grammatik I
764/764a/764b Meyer, Hebräische Grammatik II
765/765a/765b Meyer, Hebräische Grammatik III
768/768a Bieberbach, Einführung in die konforme Abbildung

769/769a Beer-Meyer, Hebräisches Textbuch
770 Schlingloff, Religion des Buddhismus II
776/776a Kolms, Finanzwissenschaft III
780 Krahe, German Sprachwiss. II
781 Weigert, Stilkunde II
782/782a Kolms, Finanzwissenschaft IV
786 Schulze, Molekülbau
796/796a Meiners-Wiesenewsky, Elektr. Höchstspannungs-Schaltanlagen
807 Kropp, Erkenntnistheorie
809 Moser, Harmonielehre I
810 Moser, Harmonielehre II
826 Koch, Philosophie d Mittelalters
827/827a Meyer, Elektromotorische Antriebe
831 Erismann, Allg. Psychologie I
832/832a Erismann, Allg. Psychologie II
833 Erismann, Allg. Psychologie III
834/834a Erismann, Allg. Psychologie IV
837/837a Baumgartner, Gruppentheorie
845 Lehmann, Philosophie im ersten Drittel des 20. Jhs. I
847 Herter, Lurche
850 Lehmann, Philosophie im ersten Drittel des 20. Jhs II
851/851a Moede, Psychologie des Berufs- und Wirtschaftslebens
857 Capelle, Griech. Philosophie I
858 Capelle, Griech. Philos. II
859 Capelle, Griech. Philos. III
862 Großmann, Vermessungskunde III
863 Capelle, Griech. Philos. IV
866 Bieler, Röm Literaturgeschichte II
869 Freye, Vögel
875 Hofmann, Geschichte der Mathematik II
877 Knopp, Aufgabensammlung zur Funktionentheorie
878 Knopp, Aufgabensammlung zur Funktionentheorie II
881 Humburg, Gleichstrommaschine II
882 Hofmann, Geschichte der Mathematik III
883 Stuloff, Mathematik der neuesten Zeit
893 Treue, Dt. Geschichte von 1806 bis 1890
894 Treue, Dt. Geschichte von 1890 bis zur Gegenwart
896/896a Pokorny, Altirische Gramm.
902 Müller, Dynamik I
903 Müller, Dynamik II
910 Jaeger, Afrika I
911 Jaeger, Afrika II
915 Sperber-Polenz, Gesch. der Deutschen Sprache
917/917a Böhm, Versicherungsmathematik II
920/920a Hoheisel, Gewöhnliche Differentialgleichungen
921 Jantzen-Kolb, W. v. Eschenbach, Parzival
924/924a Brandenstein, Griechische Sprachwissenschaft III
929 Schirmer-Mitzka, Dt. Wortkunde
930 Krull, Elementare und klassische Algebra I
931 Hasse, Höhere Algebra I
932 Hasse, Höhere Algebra II
933 Krull, Elementare und klassische Algebra II
936 Thum-Meysenbug, Werkstoffe d. Maschinenbaues II
942/942a Damerau, Polnische Grammatik
952/952a Schäfer, Transformatoren
953 Zipperer, Techn. Schwingungslehre I
961/961a Zipperer, Techn. Schwingungslehre II
965 Dehnert, Wehr- und Stauanlagen
970/970a Baldus-Löbell, Nichteuklidische Geometrie
972/972a Herter-Urich, Vergleichende Physiologie der Tiere I
973 Herter-Birukow, Vergleichende Physiologie der Tiere II
978 Kleinlogel, Baustoffverarbeitung und Baustellenprüfung d. Betons
984 Graf, Baustoffe des Hoch- und Tiefbaus
999/999a Kamke. Mengenlehre
1000 Jaspers, Geistige Situat. der Zeit

1003 Hoheisel, Partielle Differentialgleichungen
1008/1008a Mellerowicz, Allgem. Betriebswirtschaftslehre I
1009 Bechert-Gerthsen-Flammersfeld, Atomphysik I
1014/1014a Huttenlocher-Ramdohr, Mineral- und Erzlagerstättenkunde I
1015/1015a Huttenlocher-Ramdohr, Mineral- und Erzlagerstättenkunde II
1017 Döring, Einf. i. d. th. Physik V
1020 Niese-Dienst, Elektrische Schweißverfahren
1031/1031a Apel-Ludz, Philosophisches Wörterbuch
1033 Bechert-Gerthsen-Flammersfeld, Atomphysik II
1034 Kranefeldt-Jung, Therapeutische Psychologie
1035 Altheim, Röm. Religionsgeschichte I
1039/1039a Dovifat, Zeitungslehre I
1040/1040a Dovifat, Zeitungslehre II
1044 Tölke, Talsperren
1045 Schubert, Technik des Klavierspiels
1051/1051a Stolberg-Wernigerode, Gesch. d. Vereinigten Staaten
1052 Altheim, Röm. Religionsgeschichte II
1059/1059a Hoheisel, Aufgabenslg. z. d. gew. u. part. Differentialgleichungen
1061 Grodzinski-Lechner, Getriebelehre I
1062 Grodzinski-Lechner, Getriebelehre II
1065 Haller-Dannenbauer, Von d. Karolingern zu den Staufern
1070 Sauter, Differentialgleichungen der Physik
1074 Koschmieder, Variationsrechnung I
1075 Koschmieder, Variationsrechnung II
1076/1076a Endres, Verbrennungsmotoren I
1077 Haller-Dannenbauer, Von den Staufern zu den Habsburgern
1078 Troche, Stahlbetonbau
1082 Hasse-Klobe, Aufgabensammlung zur höheren Algebra
1084/1084a Grigull, Techn. Thermodynamik
1085 Lietzmann-Aland, Zeitrechnung
1086 Müller, Dt. Dichten und Denken
1088 Preller, Gesch. Englands II
1092 Wickop, Fenster, Türen, Tore
1094 Hernried, System, Modulation
1096 Viëtor, Dt. Dichten und Denken
1099 Hoheisel, Integralgleichungen
1105 Hartung, Dt. Geschichte im Zeitalter der Reformation
1108 de Boor-Wisniewski, Mittelhochdeutsche Grammatik
1109 Knopp, Elemente der Funktionentheorie
1111/1111a Naumann-Betz, Althochdt. Elementarbuch
1113/1113a Strubecker, Differentialgeometrie I
1114/1114a Schubel, Engl. Literaturgeschichte I
1115/1115a/1115b Ranke-Hofmann, Altnord. Elementarbuch
1116 Schubel, Engl. Literaturgeschichte II
1117 Haller-Dannenbauer, Eintritt der Germanen in die Geschichte
1121 Naumann, Dt. Dichten u. Denken
1122/1122a Jesch, Sprecherziehung
1123/1123a Bechert-Gerthsen-Flammersfeld, Atomphysik III
1124 Schubel, Engl. Literaturgeschichte III
1125 Lehnert, Altengl. Elementarbuch
1127 Hartmann, Geschlecht u. Geschlechtsbestimmung im Tier- und Pflanzenreich
1128 Buchner, Symbiose d. Tiere
1130 Dibelius-Kümmel, Jesus
1131 Scholz-Schoeneberg, Einführung in die Zahlentheorie
1132 Frühauf, Überspannungen
1134 Kuckuck, Pflanzenzüchtung
1135 Lehnert, Beowulf
1137 Heil, Entwicklungsgesch. d. Pflanzenreiches
1138 Hämmerling, Fortpflanzung im Tier- und Pflanzenreich
1140 Unger, Induktionsmaschinen

Autorenregister

FSC
www.fsc.org
MIX
Papier | Fördert
gute Waldnutzung
FSC® C083411

Kolibri 360 GmbH
Ferdinand-Jühlke-Straße 7
99095 Erfurt, Deutschland
produktsicherheit@kolibri360.de